FORSCHUNGSBERICHTE DES LANDES NORDRHEIN-WESTFALEN

Nr. 1903

Herausgegeben im Auftrage des Ministerpräsidenten Heinz Kühn
von Staatssekretär Professor Dr. h. c. Dr. E. h. Leo Brandt

DK 534.29 : 621.762.224

Professor Dr. Reimar Pohlman
Dr.-Ing. Ernst-Günter Lierke
Dipl.-Ing. Gerhard Grießhammer

Laboratorium für Ultraschall, Rhein.-Westf. Techn. Hochschule Aachen

Metallpulvergewinnung durch Ultraschallvernebelung metallischer Schmelzen im Temperaturbereich oberhalb 400°C

WESTDEUTSCHER VERLAG · KÖLN UND OPLADEN 1968

ISBN 978-3-663-06388-9   ISBN 978-3-663-07301-7 (eBook)
DOI 10.1007/978-3-663-07301-7

Verlags-Nr. 011903

© 1968 by Westdeutscher Verlag, Köln und Opladen

Gesamtherstellung: Westdeutscher Verlag

Inhalt

Einleitung 5

1. Zur Theorie der Flüssigkeitsvernebelung mit Ultraschall 6

2. Metallpulvergewinnung durch Ultraschall-Vernebelung
   metallischer Schmelzen 11

   2.1   Metallschmelzenvernebelung bei niedrigen Ultraschall-Frequenzen 14
   2.11 Schallübertrager bei 20 kHz und Temperaturen bis 700°C 15
   2.12 Korrosionsfestigkeit des Übertragers 17
   2.13 Benetzbarkeit der Schallübertrager durch die Schmelze 18
   2.14 Schutzgase 18
   2.15 Schmelzenbehälter und Zuleitung der Schmelzen zum Schwinger 19
   2.16 Anordnung zur halbtechnischen Schmelzenvernebelung von
         Metallen mit geringer Neigung zur Oxidbildung 22
   2.17 Versuchsanordnung zur Vernebelung von Metallen mit starker Neigung
         zur Oxidbildung 22
   2.18 Versuchsergebnisse 22
   2.181 Größenverteilung der erzeugten Metallpulver 22
   2.182 Vernebelungsgeschwindigkeit, Verteilungsfunktionen
         und Oberflächenausbeute 25
   2.2   Schmelzenvernebelung bei 0,8 MHz 27
   2.21 Verwendung von Hohlübertragern 27
   2.22 Amplitudenmessung bei 0,8 MHz 30
   2.23 Versuchsapparatur zur Schmelzvernebelung bei 0,8 MHz 32
   2.24 Ergebnisse der Schmelzenvernebelung bei 0,8 MHz 33

3. Zusammenfassung 34

4. Verwendete Formelzeichen 35

5. Literaturverzeichnis 36

Einleitung

Seit den ersten Beschreibungen durch WOOD und LOOMIS [1] hat das Phänomen der Ultraschall-Flüssigkeitsvernebelung mehr und mehr an Bedeutung gewonnen und das Interesse zahlreicher Theoretiker und Experimentatoren erregt. Inzwischen wurde durch die theoretischen Arbeiten von SOROKIN [2] und EISENMENGER [3] und durch die experimentellen Untersuchungen unter anderem von STAMM [4] der Mechanismus der Ultraschallvernebelung weitgehend geklärt. Die technische Anwendung dieses wichtigen Ultraschalleffektes rückt damit mehr und mehr in den Vordergrund.

Eines der ältesten Anwendungsgebiete ist zweifellos die Erzeugung von Ultraschall-Aerosolen, die in der Aerosoltherapie [5] und neuerdings auch in der Technik der Raumklimatisierung mit Erfolg eingesetzt wird. Hier fehlen vor allem billige Kleinstgeräte für den »Hausgebrauch«, die z. B. Tausenden von Lungen- und Asthmakranken eine unbeschwerliche, stets verfügbare Verabfolgung von Medikamenten ermöglichen würden. Auch die Klimatisierung von Wohnräumen mit Hilfe billiger Ultraschall-Luftbefeuchter erscheint aussichtsreich.

Eine weitere technische Anwendungsmöglichkeit, an der in den letzten Jahren in einigen Ländern erfolgreich gearbeitet wird, ist die Ultraschall-Vernebelung von flüssigen Kraftstoffen, insbesondere von Heizölen. Hier haben sich das relativ monodisperse, durch die Schwingungsfrequenz genau wählbare Tropfengrößenspektrum sowie die Geräuschfreiheit und der relativ gute Wirkungsgrad der Ultraschallvernebler als wesentliche Vorteile gegenüber anderen Zerstäubern bzw. Vergasern erwiesen [18]. Bemerkenswert ist auch die Tatsache, daß die Vernebelung ohne jegliche Luftzufuhr erfolgt, so daß die Verbrennungsluft beliebig reguliert werden kann.

Die Ultraschall-Vernebelung von Heizölen zur Verbesserung des Verbrennungswirkungsgrades und zur Flammenstabilisation dürfte sowohl bei ortsfesten Großanlagen als auch bei Kleinanlagen für die Haus- und Wohnungsheizung eine ernstzunehmende Konkurrenz für die konventionellen Zerstäubungsverfahren werden. Außerdem ist ein wirksamer Einsatz bei der Kraftstoff-»Vergasung« in Diesel- und Benzinmotoren erfolgversprechend.

Ein wesentliches Anwendungsgebiet der Ultraschall-Vernebelung, das aufbauend auf der Arbeit von STAMM [4] in den letzten Jahren bereits Eingang in die Industrie gefunden hat, ist die Gewinnung monodisperser, kugelförmiger Metallpulver durch Ultraschall-Vernebelung von Metallschmelzen und anschließende Abkühlung in einer Schutzgasfallstrecke. Der Wirkungsgrad ist bedeutend günstiger als bei den konventionellen Zerkleinerungsverfahren z. B. bei Kugelmühlen. Entscheidend ist aber die durch die Frequenzwahl genau bestimmte, relativ enge Größenverteilung der kugelförmigen Pulver, die u. U. für die Pulvermetallurgie besonders günstige Voraussetzungen schafft. Die Hauptaufgabe der vorliegenden Arbeit war die Untersuchung der Voraussetzungen für die Technologie der Metallpulvergewinnung durch die Ultraschall-Vernebelung metallischer Schmelzen. Hierbei wurde besonderes Gewicht auf die Vernebelung bei mittleren Schmelztemperaturen ($T_s < 800°C$) und relativ hohen Ultraschallfrequenzen (0,8 MHz) gelegt.

1. Zur Theorie der Flüssigkeitsvernebelung mit Ultraschall

Über den Mechanismus der Ultraschall-Vernebelung existieren zwei unterschiedliche Auffassungen, die einander scheinbar widersprechen. Nach der älteren Vorstellung, die in den letzten Jahren durch einige russische Arbeiten [6, 7] neuen Auftrieb erhielt, ist die Kavitation eine wesentliche Voraussetzung für die Vernebelung. Diese Tatsache wird von den Vertretern der Kapillarwellen-Vorstellung ignoriert, bzw. nur als unwesentlicher Nebeneffekt am Rande diskutiert. Es zeigt sich indes, daß beide Auffassungen berechtigt sind und sich unter gewissen Bedingungen ergänzen.
Der große Nachteil der Kavitations-Hypothese besteht darin, daß sie keine präzise Erklärung über den Mechanismus der Tropfenauslösung und für das relativ schmale und in eindeutiger Weise von der Frequenz abhängige Tropfengrößenspektrum geben kann. Im Widerspruch zur Kavitations-Hypothese steht auch die Tatsache, daß im niederfrequenten Ultraschallbereich eine Vernebelung aus dünnen Flüssigkeitsfilmen nur selten in Verbindung mit Kavitation zu beobachten ist.
Im Gegensatz dazu konnte bei der Kapillarwellen-Vorstellung eine plausible Theorie [3] durch einfache Experimente, z. B. durch die Messung der Anregungsamplitude und der Kapillarwellenlänge oder durch die Messung der Vernebelungsgeschwindigkeit und des Tropfengrößenspektrums [4] bestätigt werden. Der durch Experimente gesicherte Gültigkeitsbereich der Theorie erstreckt sich dabei von beliebig tiefen Frequenzen bis ins MHz-Gebiet mit der einzigen Einschränkung, daß sowohl bei der theoretischen Behandlung als auch bei der experimentellen Bestätigung mit relativ dünnen Flüssigkeitsschichten oder -filmen gearbeitet wird. Die Vertreter der Kavitations-Vorstellung gehen dagegen in der Regel von dicken Flüssigkeitsschichten und bei hohen Frequenzen von der Vernebelung aus dem intensiven Ultraschall-»Sprudel« aus.
Es liegt also die Frage nahe, ob nicht tatsächlich ein grundsätzlicher Unterschied zwischen der Vernebelung aus dünnen Flüssigkeitsschichten und der Vernebelung aus ausgedehnten Flüssigkeitsvolumina besteht.
Während die Beobachtung der Vorgänge im Ultraschall-»Sprudel« mit gewissen Schwierigkeiten verbunden ist, lassen sich dünne Flüssigkeitsfilme in einfacher Weise mikroskopisch oder mit bloßem Auge beobachten. Man erkennt dabei, daß die kolbenmembranförmig schwingende Festkörperfläche die darüber befindliche Flüssigkeitsoberfläche bei gewissen, von der Schwingungsfrequenz und den Kenngrößen der Flüssigkeit abhängigen Mindestamplituden zu Kapillarwellen anregt (vgl. Abb. 1). Die Kapillarwellen treten in Form eines schachbrettartig angeordneten, stehenden Knotenliniengitters in Erscheinung. Benachbarte Schwingungsquadrate schwingen dabei gegenphasig, wobei die Amplitudenmaxima in den Kreuzungspunkten der Flächendiagonalen liegen. Steigert man die Bewegungsamplitude der erregenden Schwingerfläche, so steilen die Wellenberge zwischen den Knotenlinien mehr und mehr auf, bis sich schließlich in zunehmendem Maße Tröpfchen durch Abschnüren aus dem Kapillarwellengitter lösen.
Aus umfangreichen Messungen der Tropfengrößenspektren und Nebeleinsatzamplituden an Flüssigkeiten mit unterschiedlichen Dichte-, Oberflächenspannungs- und Viskositätswerten, insbesondere an Ölen und Metallschmelzen, die eine sichere Teilchengrößen-Analyse gestatten, konnte STAMM [4] in einem großen Frequenzbereich die Kapillarwellen-Theorie bestätigen. Zweifel an der Allgemeingültigkeit dieser Theorie ergeben sich lediglich bezüglich des Leistungsaufwands bzw. der zur Vernebelung notwendigen Mindestamplitude der erregenden Schwingerfläche, wenn man zu hohen Frequenzen übergeht.

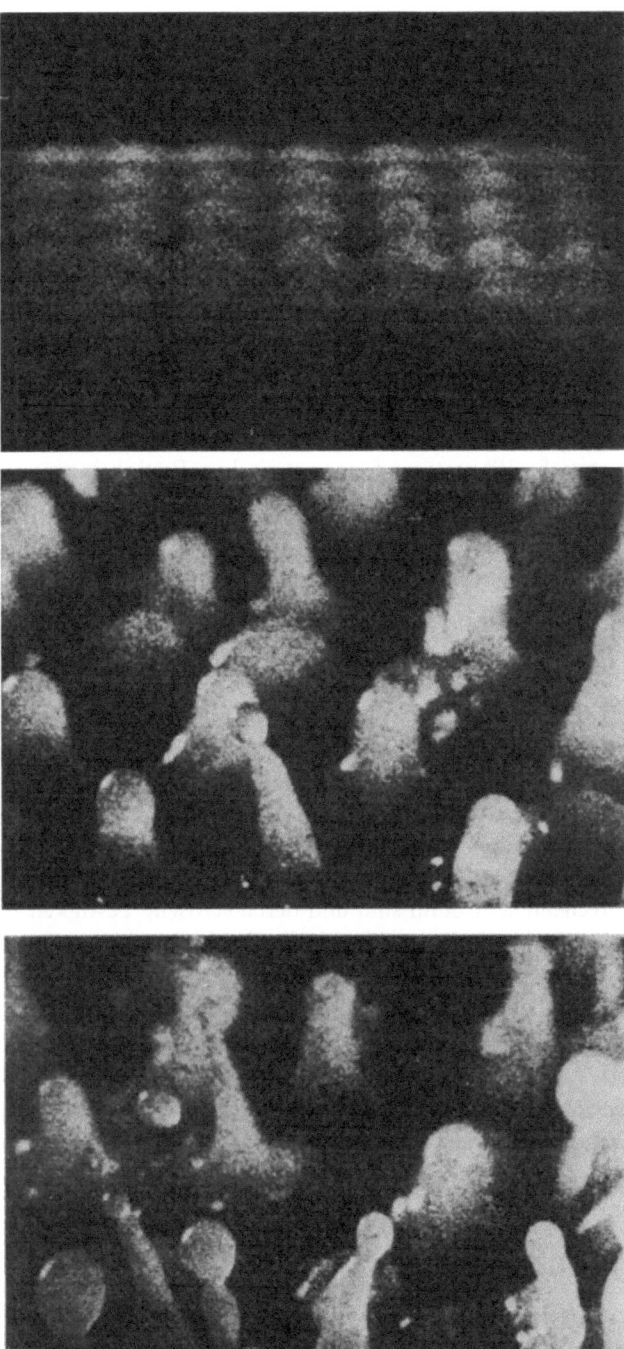

Abb. 1 Tropfenbildung durch Kapillarwellen nach STAMM [4]
  a) Kapillarwellen-Einsatz
  b) Kapillarwellen bei starker Anregung
  c) Beginn der Tropfenablösung

EISENMENGER [3] erhält für die zur Kapillarwellenanregung notwendige Mindestamplitude der flüssig-gasförmigen Phasengrenzfläche, die als Kapillarwellen-Einsatzamplitude A_k bezeichnet wird, die Beziehung

$$(1) \qquad A_k = 2\,\frac{\eta}{\varrho} \cdot \sqrt[3]{\frac{2\varrho}{\sigma\omega_a}}$$

wobei η, ϱ, σ die dynamische Viskosität, Dichte und Oberflächenspannung und ω_a die Kreisfrequenz der anregenden Schwingung bedeuten.

Die Nebeleinsatzamplitude A_n ist nach EISENMENGER [3] und STAMM [4] um den Faktor 4–8 größer als die Kapillarwelleneinsatzamplitude A_k, und läßt sich bei tiefen Frequenzen mit guter Genauigkeit experimentell ermitteln. STAMM erhielt z. B. bei 20 kHz für die Nebeleinsatzamplitude in Wasser den Wert 7 µm, während die theoretische Kapillarwelleneinsatzamplitude etwa 1,2 µm beträgt. Aus der Amplitude von 7 µm ergeben sich bei 20 kHz und einem $\lambda/2$-Wandler aus Stahl mit einer Schallgeschwindigkeit c_s von etwa $5 \cdot 10^5$ cm/s und einer statischen Festigkeit von etwa 40 kp/mm² eine maximale Dehnungsamplitude

$$(2) \qquad \varepsilon_{\max} = \frac{\omega_a}{c_s}\,A_n \cong 1{,}75 \cdot 10^{-4}$$

und eine zugehörige maximale Spannungsamplitude

$$(3) \qquad \sigma_{\max} = E \cdot \varepsilon_{\max} \cong 3{,}7\,\frac{\text{kp}}{\text{mm}^2}$$

Die Werte (2) und (3) können von einem handelsüblichen 20-kHz-Wandler ohne Schwierigkeiten im Dauerbetrieb geleistet werden.

Man sieht aber aus (1) bis (3), daß $\varepsilon_{\max}$, $\sigma_{\max}$ bei den zur Vernebelung notwendigen Schnelleamplituden mit $\omega_a^{2/3}$ anwachsen.

Bei hohen Frequenzen arbeitet man mit piezoelektrischen, $\lambda/2$-Wandlern, die der hohen Frequenz entsprechend sehr dünn sind und deren statische Festigkeit um etwa 1 Größenordnung niedriger ist als die von Stahl (die Zugfestigkeit von Quarz beträgt ungefähr 5 kp/mm²). Die Tab. 1 zeigt die Abhängigkeit der zum Nebeleinsatz bei Wasser nach der Kapillarwellentheorie erforderlichen Dehnungs- und Spannungsamplitude bei einem Quarzwandler in Abhängigkeit von der Frequenz ($c_{\text{Quarz}} \cong 5{,}7 \cdot 10^5$ cm/s).

Tab. 1 *Frequenzabhängigkeit der Dehnungs- und Spannungsamplitude an einem Quarzwandler beim Nebeleinsatz in* H_2O

f/MHz	0,5	1	2	4	8
$\varepsilon_{\max} \cdot 10^3$	1,3	2,1	3,3	5,2	8,3
$\dfrac{\sigma_{\max}}{\text{kp/mm}^2}$	11,5	18,5	29	46	73

Wie man sieht, würde eine Flüssigkeitsvernebelung mit piezoelektrischen Schwingern im MHz-Gebiet nach der Kapillarwellentheorie eigentlich nicht möglich sein, weil die dafür notwendigen Spannungs- und Dehnungsamplituden weit oberhalb der Festigkeitsgrenzen der üblichen Schwingermaterialien liegen. Trotzdem ist bekannt, daß man mit piezoelektrischen Planschwingern ohne Schwierigkeiten im MHz-Gebiet Ultraschall-Aerosole erzeugen kann und zwar bereits bei Schallintensitäten von 1 bis 2 W/cm², d. h. bei Wandleramplituden, die weit unterhalb der Werte liegen, die die Kapillarwellentheorie erfordert.

Andererseits deckt sich die Tropfengrößenverteilung z. B. nach den Messungen von Bisa, Diernagel und Esche [8] erstaunlich gut mit den Berechnungen der Kapillarwellentheorie, die nach Stamm ein Häufigkeitsmaximum des Tropfengrößendurchmessers bei einem Viertel der Kapillarwellenlänge

$$\lambda_k = 2\pi \sqrt[3]{\frac{\sigma}{\varrho} \frac{4}{\omega_a{}^2}} \tag{4}$$

erwarten läßt.

Der Widerspruch zur Kapillarwellentheorie, der in der scheinbaren Abweichung der Nebeleinsatzamplitude zum Ausdruck kommt, ist lösbar, wenn man annimmt, daß sich in unmittelbarer Nähe der nebelnden Flüssigkeitsoberfläche Bläschen befinden, die durch Kavitation gebildet werden und der Kavitationshypothese eine gewisse Berechtigung geben.

Vernebelt man z. B. niederviskose, gashaltige Flüssigkeiten etwa Wasser, Azeton oder ähnliches, mit einem fokussierenden MHz-Wandler, dessen Brennpunkt sich direkt unter der Flüssigkeitsoberfläche befindet, so bildet sich zunächst der bekannte Schall-»Sprudel« aus. Man beobachtet aber, daß der Nebeleinsatz mit dem Auftreten zahlreicher kleiner, milchig trüber Bläschen verbunden ist, die in der Umgebung des Zentralstrahls vor dem Brennpunkt entstehen und in den »Sprudel« hineingerissen werden. Auch bei einem dünn mit Flüssigkeit überschichteten 20-kHz-Wandler läßt sich beobachten, daß die Vernebelung dort zuerst einsetzt, wo sich kleine Gasbläschen unter der Flüssigkeitsoberfläche befinden. Und zwar tritt an diesen Stellen, nachdem die genannten Bläschen vorher eine milchige Trübung angenommen haben, ein feiner Spray-Strahl aus der Flüssigkeitsoberfläche aus, ohne daß die Bläschen dabei zerstört werden.

Die Bläschen scheinen also einerseits auf Grund ihrer relativ hohen Kompressibilität die Wechseldruckamplitude in ihrer unmittelbaren Umgebung zu verstärken (Resonanzblasen), andererseits aber selbst zu Kapillarwellenresonanzen angeregt zu werden (vgl. Lierke [9]). Diese Anregung überträgt sich bei günstigem Abstand zur Flüssigkeitsoberfläche partiell auf die freie Phasengrenzfläche und induziert so den Nebeleinsatz bereits bei Erregeramplituden, die wesentlich kleiner sind, als es die Kapillarwellentheorie bei der homogenen Flüssigkeit erfordert.

Berücksichtigt man den Umstand, daß bei Blasen, deren Umfang groß gegenüber der Kapillarwellenlänge λ_k ist, die Krümmung der Phasengrenzfläche im Bereich einiger Wellenlängen praktisch zu vernachlässigen ist, so ist es nicht verwunderlich, daß die Bewegungsgleichung derartiger Blasenoberflächenwellen mit der von Eisenmenger hergeleiteten Kapillarwellengleichung der ungekrümmten Phasengrenzfläche praktisch übereinstimmt [9].

Wenn man die Kavitation also vom Standpunkt der Geschwindigkeitstransformation bzw. vom Standpunkt der partiell durch Kapillarwellenblasen induzierten Resonanzanregung der Phasengrenzfläche betrachtet, dann ist ihr Einfluß auf die Vernebelung von Flüssigkeiten unbestreitbar, ohne daß dabei die Kapillarwellen-Vorstellung verworfen werden müßte. Das kommt auch in der guten Übereinstimmung des Tropfengrößenspektrums mit den Rechnungen der Kapillarwellentheorie bei hohen Frequenzen zum Ausdruck. Voraussetzung für den begünstigenden Einfluß der Kavitation ist allerdings eine genügend große Gaslöslichkeit der Flüssigkeit, die die Kavitation ermöglicht oder wesentlich unterstützt. Tatsächlich sind die Nebeleinsatzamplituden bei Flüssigkeiten mit niedriger bzw. verschwindender Gaslöslichkeit, z. B. bei Metallschmelzen (vgl. Kap. 2) wesentlich größer und in guter Übereinstimmung mit den Werten der Kapillarwellentheorie.

Nach diesen Betrachtungen ist unter Berufung auf die zitierten Quellen sichergestellt, daß die Kapillarwellentheorie die Ultraschall-Flüssigkeitsvernebelung in befriedigender Weise beschreibt.

Als wesentlichste Aussagen liefern die Theorie von EISENMENGER [3] und die Experimente von STAMM [4] die Beziehungen:

(5) $\quad A_k = 2\dfrac{\eta}{\varrho}\sqrt[3]{\dfrac{\varrho}{\pi\sigma f_a}}\ ;\quad A_n \cong (5\ldots 8)\,A_k\quad$ (empirisch)

(6) $\quad \lambda_k = 2\sqrt[3]{\dfrac{\sigma}{\varrho}\dfrac{\pi}{f_a^2}}\ ;\quad D_h \cong \lambda_k/4\quad$ (empirisch)

(7) $\quad H(D) = \dfrac{1}{s\sqrt{2\pi}}\exp\left[-\dfrac{(\ln D - \ln D_h)^2}{2s^2}\right]\quad$ (empirisch)

(8) $\quad V \cong \text{const}\,\dfrac{A - A_n}{\eta} < V_{\max} \cong 0{,}05\sqrt[3]{\dfrac{\sigma}{\varrho}f_a}\quad$ für $1\,\text{cP} < \eta < 5\,\text{cP}$

(empirisch)

Hierbei sind:

A $\quad$ = Bewegungsamplitude des Wandlers bzw. der flüssiggasförmigen Phasengrenzfläche

A_k $\quad$ = Kapillarwelleneinsatzamplitude

A_n $\quad$ = Nebeleinsatzamplitude

$D, (D_h)$ = (häufigster) Tropfendurchmesser

$H(D)$ = relative Häufigkeit im Tropfengrößenspektrum

$V, V_{\max}$ = flächenspezifische (maximale) Vernebelungsgeschwindigkeit

$f_a = \dfrac{\omega_a}{2\pi}$ = Anregungsfrequenz

s $\quad$ = Streuung der logarithmischen Normalverteilung (Standardabweichung)

η $\quad$ = Flüssigkeitsviskosität (dynamisch)

ϱ $\quad$ = Flüssigkeitsdichte

σ $\quad$ = Flüssigkeits-Oberflächenspannung

Die wichtigsten Voraussetzungen für eine wirkungsvolle Flüssigkeitvernebelung bei einer vorgegebenen Frequenz ω_a sind also:

1. genügend große Wandler- bzw. Phasengrenzflächen-Amplituden (5),
2. genügend kleine Flüssigkeitsviskosität (8).

2. Metallpulvergewinnung durch Ultraschall-Vernebelung metallischer Schmelzen

STAMM [4] hatte als eine der interessantesten technischen Anwendungsmöglichkeiten für die Ultraschall-Vernebelung als erster die Vernebelung metallischer Schmelzen untersucht und sich dabei auf Metalle mit relativ niedrigem Schmelzpunkt (Wood-Metall, Indium Zinn, Blei, Zinn-Blei-Legierungen, Cadmium und Wismut) und auf Frequenzen im unteren Ultraschallbereich (20–50 kHz) beschränkt.

Bereits bei diesen ersten Versuchen zeigte sich, daß beim technischen Vernebeln zahlreiche neue Probleme auftauchen, die mit wachsender Schmelztemperatur und wachsender Schwingungsfrequenz immer schwieriger zu lösen sind.

Die Zähigkeiten geschmolzener Metalle liegen bei Temperaturen von ca. 50°C oberhalb des Schmelzpunktes zwischen etwa 0,5 und 6 cP. Bei diesen Viskositäten müßte – vorausgesetzt daß die notwendigen Wandleramplituden erreicht werden – eine wirtschaftliche Ultraschall-Vernebelung generell möglich sein.

Bei der Schmelzenvernebelung mit höheren Frequenzen und bei höheren Temperaturen ist folgendes zu beachten:

1. Der akustische Wandler – meist ein $\lambda/2$- oder ein $n \cdot \lambda/2$-Wandler – muß die zur Vernebelung notwendigen Schnelleamplituden ohne Überschreitung der Festigkeitsgrenzen liefern.

2. Der Wandler muß bei den hohen Temperaturen der zu vernebelnden Schmelze so gekühlt werden können, daß einerseits die Schmelze an der nebelnden Wandlerfläche nicht erstarrt und andererseits die Verluste durch innere Dämpfung und die temperaturbedingten Schallgeschwindigkeitsänderungen, die eine Resonanzverschiebung bewirken würden, genügend klein bleiben. Bei piezoelektrischen Wandlern ist das aktive Element durch genügend lange Zwischenüberträger von der Schmelzentemperatur zu isolieren (Curie-Temperatur). Besonders temperaturanfällig ist die Kittstelle zwischen Wandler und Überträger.

3. Das Schwingermaterial darf an der Kontaktstelle mit der Schmelze nicht durch Korrosion oder Kavitationsfraß zerstört werden, weil sonst die Lebensdauer der Apparatur verringert und der Reinheitsgrad der erzeugten Metallpulver verändert würde.

4. Die Schmelze muß der nebelnden Schwingerfläche möglichst kontinuierlich zugeführt werden, um eine belastungsabhängige Verstimmung der Resonanz zu vermeiden.

5. Durch geeignete Schutzgasatmosphäre im Vernebelungsraum muß dafür gesorgt werden, daß die Oberfläche des zu vernebelnden Flüssigkeitsfilms sich nicht mit Oxidhäutchen überzieht, die die Kapillarwellenausbildung behindern oder in Extremfällen verhindern könnten.

6. Die Fallstrecke für die Erstarrung des Metallnebels zu Pulver muß genügend lang sein und die Überhitzung der Schmelze nicht höher als notwendig, um eine Koagulation der Tropfen vor dem Erstarren zu unterbinden.

7. Die Apparatur soll nach Möglichkeit durch automatische Resonanz-Abstimmung auf optimaler Wandleramplitude arbeiten.

Abb. 2 zeigt zunächst die Temperaturabhängigkeit der Viskosität einiger Metallschmelzen, aus der man entnehmen kann, daß bei Temperaturen, die um 50°C oberhalb des Schmelzpunktes liegen, eine Ultraschall-Vernebelung prinzipiell möglich sein müßte [4].

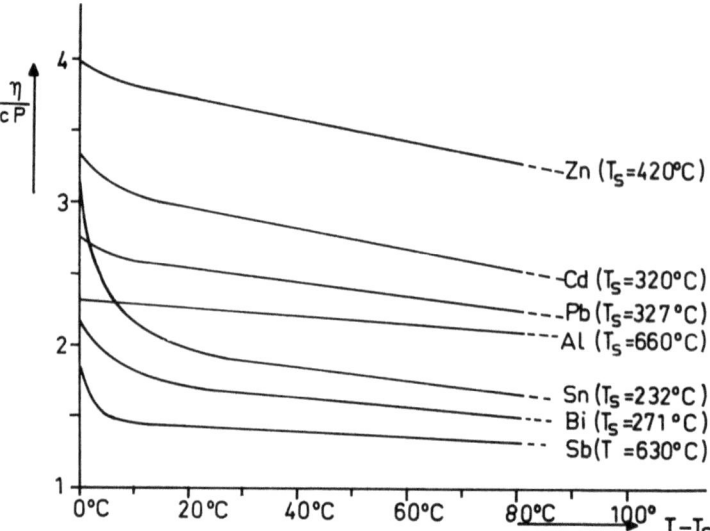

Abb. 2 Temperaturabhängigkeit der Viskosität η einiger Metallschmelzen oberhalb der Schmelztemperatur T_s

In Tab. 2 sind für verschiedene Metalle mit Schmelztemperaturen unter 700°C, neben den für die Kapillarwellentheorie wichtigen Materialeigenschaften die aus (5) und (6) ermittelten Werte für die Kapillarwelleneinsatzamplitude A_k, die Nebeleinsatzamplitude $A_n \cong 6 A_k$, die Kapillarwellenlänge λ_k und den wahrscheinlichsten Tropfen- bzw. Teilchendurchmesser $D_h \cong \lambda_k/4$ bei einer Erregerfrequenz $f_a = 20$ kHz angegeben. Außerdem erscheinen in den letzten beiden Spalten die zur Nebeleinsatzamplitude gehörigen Schnelleamplituden $U_n = \omega_a A_n$ und die aus (2) und (3) berechneten Spannungsamplituden $\sigma_{max,n}$ für Stahl.

Abb. 3 zeigt schließlich die Frequenzabhängigkeit der auf die entsprechenden 20 kHz-Werte (vgl. Tab. 2) bezogenen häufigsten Tropfendurchmesser $\bar{D}_h$ sowie der Schnelle-, Dehnungs- und Spannungsamplitude $\bar{U}_n$, $\bar{\varepsilon}_n$ und $\bar{\sigma}_n$ beim Nebeleinsatz. Bei der Berechnung wurde die Dispersion der Schallgeschwindigkeit nicht berücksichtigt. Werden an Stelle von Stahl andere Übertrager- bzw. Wandlermaterialien mit der Schallgeschwindigkeit c und der Dichte ϱ verwendet, so sind die Werte der letzten Spalte in Tab. 2 mit dem Quotienten $\varrho c/(\varrho c)_{Stahl}$ zu multiplizieren.

Man erkennt aus der Abb. 3 sowie aus der Tab. 2, daß die Herstellung feindisperser Pulver mit mittleren Durchmessern unter 10 µm aus mehreren Gründen problematisch wird. Und zwar vor allem wegen der erforderlichen hohen Schnelleamplituden und der durch die relativ kleinen Abmessungen der piezoelektrischen Wandler recht schwierigen Temperaturisolation.

Im Kap. 2.2 wird gezeigt, daß es trotz aller Schwierigkeiten bereits gelungen ist, auch bei Frequenzen von etwa 1 MHz Metallschmelzen mit Schmelztemperaturen bis etwa 800°C zu vernebeln. Zunächst sollen aber im Anschluß an die Untersuchungen von STAMM die technischen Möglichkeiten für die Schmelzenvernebelung bei niedrigen Ultraschallfrequenzen im Temperaturbereich bis etwa 800°C untersucht werden.

Tab. 2 *Eigenschaften einiger Metallschmelzen bei der Ultraschall-Vernebelung mit 20 kHz*

Metall	T_s °C	ϱ g cm⁻³	für $T = T_s + 50°C$ σ g s⁻²	η g cm⁻¹ s⁻¹	A_k μm	$A_n \cong 6\,A_k$ μm	λ_k μm	$D_h \cong \frac{\lambda_k/4}{\mu m}$	$U_n = \omega_a A_n$ cm s⁻¹	$\sigma_{max, n, Stahl}$ kp/mm²
(H₂O)	0,0	1	73	0,01	1,2	7,2	166	41,5	90	3,7
Sn	232	7,3	625	0,0175	0,275	1,650	174	43,5	21	0,85
Bi	271	9,8	376	0,0159	0,24	1,44	133	33,25	18	0,74
Cd	321	8,65	550	0,0277	0,40	2,40	158	39,5	30	1,22
Pb	327	11,36	444	0,0135	0,31	1,86	135	33,75	23,4	0,97
Zn	420	7,13	772	0,0344	0,50	3,0	188	47,0	37,6	1,54
Sb	630	6,62	383	0,0136	0,27	1,62	152	38,0	20,3	0,84
Mg	650	1,74	556	–	–	–	272	68	–	–
Al	660	2,7	500	0,0215	0,69	4,14	226	56,5	52	2,12

T_s = Schmelztemperatur
ϱ = Dichte
η = dynamische Viskosität
σ = Oberflächenspannung

A_k = Kapillarwellen-Einsatzamplitude
A_n = Nebeleinsatzamplitude
λ_k = Kapillarwellenlänge

D_h = häufigster Tropfendurchmesser
U_n = Wandlerschnelleamplitude beim Nebeleinsatz
$\sigma_{max, n}$ = Spannungsamplitude beim Nebeleinsatz

2.1 Metallschmelzenvernebelung bei niedrigen Ultraschall-Frequenzen

Aus der Tab. 2 und Abb. 3 entnimmt man, daß die Schmelzenvernebelung bei Ultraschall-Frequenzen zwischen 20 und 100 kHz noch relativ unproblematisch ist. Man verwendet in diesem Frequenzbereich magnetostriktive Wandler, deren Schnelleamplituden sich durch Vorschalten geeigneter Konzentratoren (Stufen-, Exponential-, Gauss- oder Fourier-Rüssel) ohne Schwierigkeiten auf die erforderlichen Werte verstärken lassen. Auch die Temperaturprobleme sind noch ohne großen Aufwand zu bewältigen. Die Übertrager sind in der Regel $\lambda/2$ lang, können aber auch auf $n\lambda/2$ ($n > 1$) verlängert werden, so daß für eine Wasserkühlung zwischen der heißen nebelnden Schwingerfläche und dem magnetostriktiven Wandler eine genügend lange Kühlstrecke zur Verfügung steht.

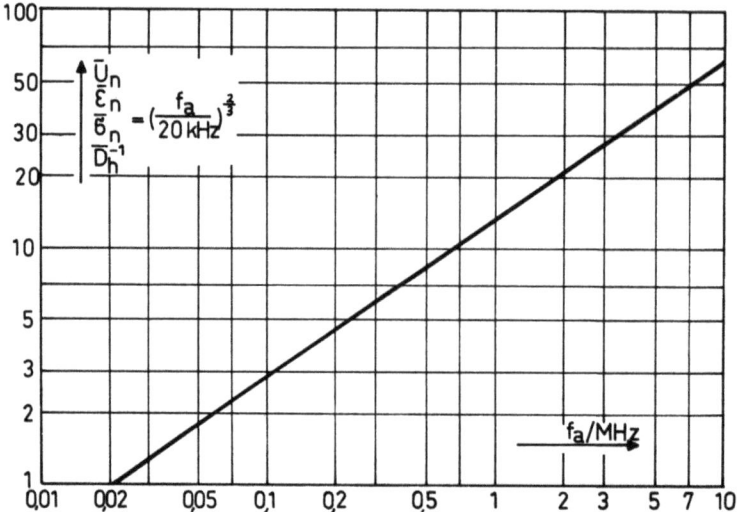

Abb. 3 Frequenzabhängigkeit der normierten Wandler-Schnelleamplitude $\bar{U}_n$, Dehnungsamplitude $\bar{\varepsilon}_n$ und Spannungsamplitude $\bar{\sigma}_n$ sowie des normierten häufigsten Teilchendurchmessers $\bar{D}_h$. Normiert wurde auf die entsprechenden Werte bei 20 kHz (vgl. Tab. 2).

STAMM hat z. B. die Vernebelung bei 20 kHz im Temperaturbereich bis etwa 350°C erfolgreich versucht und damit die Voraussetzungen für eine technische Pulvergewinnung z. B. in der Akkumulatorenindustrie [11] geschaffen.

Die guten Erfolge bei der Vernebelung von Schmelzen im Temperaturbereich bis etwa 350°C ließen es wünschenswert erscheinen, zunächst den Temperaturbereich bis zu einer Schmelzentemperatur des Aluminiums von 710°C zu erweitern und damit die Ultraschall-Vernebelung für eine weitere Anzahl von Metallen nutzbar zu machen.

Die zu erwartenden Teilchengrößenverteilungen sind etwa die gleichen wie bei den von STAMM untersuchten Metallen.

Die Ultraschall-Vernebelung besitzt gegenüber den herkömmlichen Zerkleinerungsverfahren den Vorteil, unter Vakuum- oder Schutzgasatmosphäre betrieben werden zu können und damit bei Bedarf oxidfreie, kugelige Pulver mit relativ geringer Streubreite der Teilchengrößenverteilung zu liefern. Eine Oxidation oder Nachoxidation ist bei Bedarf ebenso möglich wie eine anschließende Weiterzerkleinerung der Pulver mit herkömmlichen Verfahren, deren Wirkungsgrad durch die wirtschaftliche Ultraschall-Vorzerkleinerung wesentlich verbessert werden kann.

Für viele Zwecke, z. B. in der modernen Pulvermetallurgie, dürften Teilchendurchmesser zwischen 20 und 60 μm bereits ausreichen.

Von den in Tab. 2 zusammengestellten Metallen mit Schmelztemperaturen unter 700°C wurden die ersten vier bereits von STAMM erfolgreich vernebelt. Die letzten vier Metalle weisen gegenüber den ersten die Besonderheit auf, wesentlich heftiger mit Sauerstoff und mit dem ungeschmolzenen Material des vernebelnden Schwingers zu reagieren. Daneben erhebt sich die Frage, ob für den gewünschten Temperaturbereich Materialien existieren, die sich noch als einigermaßen verlustfreie Schallübertrager eignen.

2.11 Schallübertrager bei 20 kHz und Temperaturen bis 700°C

Da die zu vernebelnde Schmelze nur in sehr dünner Schicht kontinuierlich auf die abnebelnde Schwingerfläche aufgebracht wird, ist die äußere Belastung des Schwingers relativ klein im Vergleich zu den inneren Verlusten, und man arbeitet zweckmäßigerweise mit einem Stufenkonzentrator, d. h. mit einem z. B. zylindrischen Übertrager, dessen Länge $l = \lambda/2$ beträgt und der in seinem Bewegungsknoten gestuft werden kann (vgl. Abb. 4). Das Transformationsverhältnis für die Schnelleamplitude U ist hier am günstigsten und es gilt

$$(9) \qquad \frac{U_1}{U_2} = \frac{A_1}{A_2} = \frac{d_2^2}{d_1^2}$$

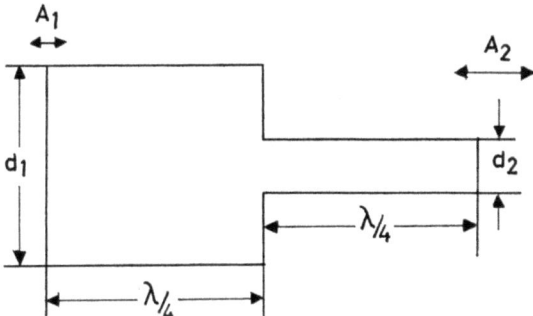

Abb. 4 Gestufter Amplitudentransformator

Die nebelnde Endfläche muß auf der Temperatur der Schmelze gehalten werden, während das am magnetostriktiven Wandler befestigte Ende gekühlt wird. Es bildet sich dadurch auf dem Übertrager ein Temperaturgefälle und infolgedessen eine stetige Änderung der Schallgeschwindigkeit $\left(c = \sqrt{\frac{E(T)}{\varrho(T)}}\right)$ und der Absorptionskonstanten aus.

Das Schwingermaterial muß nun so ausgewählt werden, daß die Dämpfung und die Schallgeschwindigkeitsänderung bei Berücksichtigung des Temperaturgradienten nicht zu groß werden. Durch die starke Dämpfungszunahme würde ein erheblicher Teil der akustischen Leistung am Schwinger selbst verloren gehen und die zur Vernebelung notwendige Amplitude verringern. Die Schallgeschwindigkeitsänderung würde eine Verstimmung der Resonanz zur Folge haben, die aber bei genügend breitbandigem Generator oder durch geeignete Vorversuche kompensiert werden kann.

Die Abb. 5 zeigt die durch Schallgeschwindigkeitsänderungen bedingte Verstimmung eines bei 20°C auf 21 kHz abgestimmten Stufenkonzentrators aus 0,6% C-Stahl in Abhängigkeit von der Arbeitstemperatur an der Stirnfläche des Übertragers. Das Temperaturgefälle ist dabei annähernd linear zwischen der Arbeitstemperatur am nebelnden Ende und der Temperatur des Kühlwassers am magnetostriktiven Schwingerpaket.

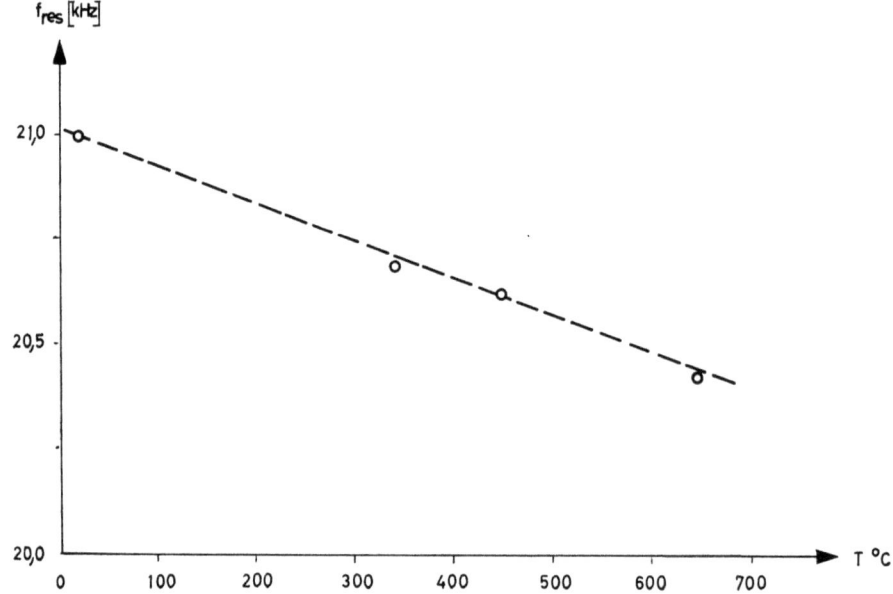

Abb. 5 Temperaturabhängigkeit der Resonanzfrequenz eines 0,6%-C-Stahl-Wandlers bei einseitig beheizter Wandlerstirnfläche

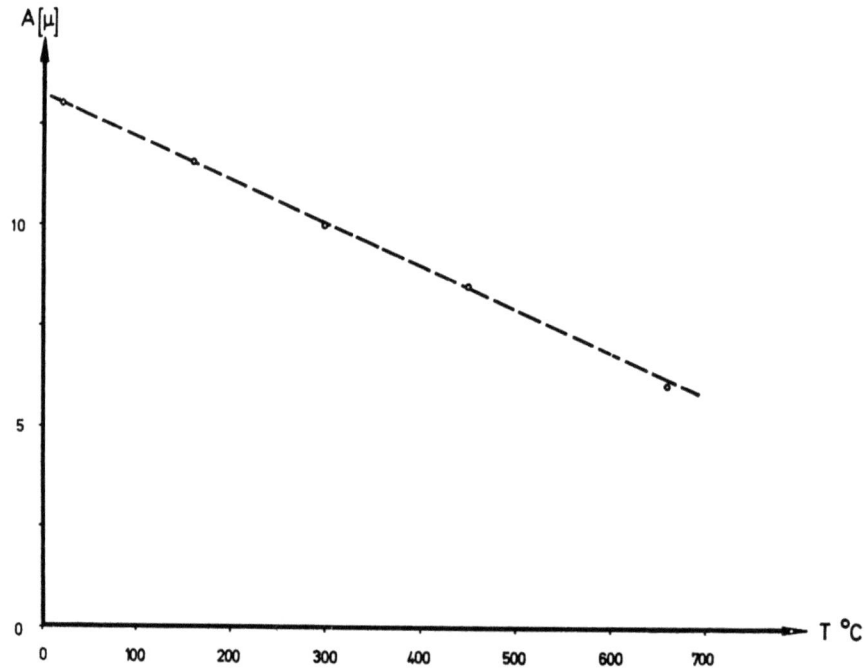

Abb. 6 Temperaturabhängigkeit der maximalen Wandleramplitude bei einseitig beheizter Wandlerstirnfläche und konstanter Leistungsaufnahme

In Abb. 6 ist die durch zunehmende Absorption bedingte Abnahme der Wandleramplitude an der nebelnden Stirnfläche für den gleichen Stufenkonzentrator aus 0,6% C-Stahl in Abhängigkeit von der Temperatur bei einer Leistungsaufnahme von etwa 440 Watt und stets nachgeregelter Resonanz aufgetragen.

Die Amplituden wurden mit Hilfe einer Wirbelstromsonde nach POHLMAN [12] bei vorheriger optischer Eichung gemessen.

Vergleicht man diese Werte mit der letzten Spalte in Tab. 2 so sieht man, daß ein Stufenkonzentrator aus 0,6% C-Stahl trotz der erheblichen Verluste für eine Vernebelung bei 20 kHz und Temperaturen bis 700°C noch verwendbar ist.

2.12 Korrosionsfestigkeit des Übertragers

Ein wesentlicher Gesichtspunkt für die Auswahl des Übertragermaterials ist seine geringe Löslichkeit in der zu vernebelnden Schmelze. In den meisten Fällen wird selbst das Schwingermaterial, das normalerweise eine geringe Löslichkeit gegenüber der Schmelze besitzt, durch die an der Grenzfläche stattfindenden Schwingungskavitation stark von der Schmelze angegriffen [13]. Dadurch verringert sich einerseits die Resonanzfrequenz der Übertrager, andererseits aber auch die Zusammensetzung der vernebelten Schmelze. Um eine Verwendung von Materialien mit günstigen Schallübertragungseigenschaften aber starker Lösungstendenz zu ermöglichen, wurden die Übertrager an der nebelnden Stirnfläche im Plasmastrahl-Verfahren mit einem keramischen, äußerst korrosionsbeständigen Überzug aus einem Pulvergemisch Al_2O_3/2,5% TiO_2 und Eisenpulver geschützt. Bei diesem Spritzverfahren wurde der Wärmeausdehnungskoeffizient durch mehrere Schichten unterschiedlichen Eisengehalts allmählich an den Ausdehnungskoeffizienten des Stahl-Übertragers angepaßt (vgl. Abb. 7). In der Regel genügt jedoch eine einfache Beschichtung.

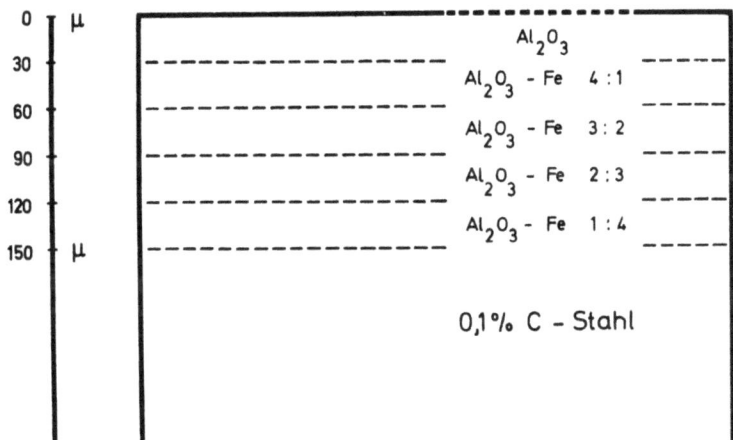

Abb. 7   Keramische Korrosions-Schutzschicht eines Stahl-Übertragers

Um das Verbrennen der Eisenbestandteile beim Plasmaspritzen zu vermeiden, wurde die Beschichtung in Argon-Schutzgas-Atmosphäre durchgeführt. Die nach dem Plasmastrahl-Verfahren keramisch beschichteten Stahlschwinger waren sowohl gegenüber Zink- als auch gegenüber Aluminiumschmelzen beständig. Die Schichten zeigten eine gute Haftfestigkeit, d. h. bei den zur Vernebelung notwendigen Amplituden erfolgte keine Ablösung der Schutzschicht.

2.13 Benetzbarkeit der Schallübertrager durch die Schmelze

STAMM wies bereits in seiner Arbeit darauf hin, daß eine gute Benetzbarkeit zwischen Übertrager und Schmelze normalerweise unvereinbar mit einer Korrosionsbeständigkeit des Übertragermaterials gegenüber der Schmelze ist. Bei den STAMMschen Versuchen war die Benetzbarkeit eine wesentliche Voraussetzung für das kontinuierliche Arbeiten der Vernebelungsapparatur, da die Schmelze von einem vertikal stehenden Wandler nach unten abgenebelt wurde und bei unbenetzbarer Nebelfläche unvernebelt abtropfte. Da nach Versuchen von LIVEY und MURRAY [14] Oxide nicht von Metallschmelzen benetzt werden, wurde die Schmelze nicht wie bei STAMM nach unten, sondern vertikal oder schräg nach oben vernebelt.

Es zeigte sich hierbei, daß ein auf der Wandleroberfläche befindlicher nicht benetzender Flüssigkeitstropfen, z. B. aus Quecksilber oder flüssigem Zink, unter dem Einfluß der Ultraschallschwingung abgeflacht wird und die Schwingerfläche in einer zur optimalen Vernebelung notwendigen Schichtdicke von 1 mm bedeckt. Da sich der Benetzungswinkel nicht verändert, kann dieser Vorgang nicht auf eine verringerte Oberflächenspannung zurückgeführt werden (vgl. Abb. 8). Diese »Benetzung« erfolgt auch bei schwach geneigter Schwingerfläche, so daß eine Abnebelung senkrecht oder schräg nach oben mit keramisch beschichteten Übertragern möglich ist.

       a   b

Abb. 8 Schlecht benetzender Schmelzentropfen auf ruhender (a) und schwingungserregter (b) oxidischer Unterlage

2.14 Schutzgase

Es wurde bereits darauf hingewiesen, daß die hohe Sauerstoffaffinität einiger Schmelzen die Vernebelung praktisch unmöglich machen kann. Und zwar einmal deshalb, weil sich die den Schwinger benetzende Schmelzenschicht bei Anwesenheit geringer Sauerstoffanteile sofort mit einer Oxidhaut überzieht, die die Ausbildung von Kapillarwellen verhindert. Zum anderen aber auch deshalb, weil das gewonnene Pulver, falls es überhaupt zur Vernebelung kommt, mit einer mehr oder weniger dicken Oxidhülle umgeben ist und nicht wie meistens gewünscht, aus reinem Metall besteht.

Die sicherste Möglichkeit, die Oxidation zu verhindern, ist die Vernebelung im Vakuum oder in einer Schutzgasatmosphäre (vgl. Kap. 2.17). Dies ist ohne weiteres möglich, da die Ultraschall-Vernebelung völlig ohne Gaszufuhr vonstatten geht. Als Inertgas-Schutzatmosphäre hat sich vor allem Argon bewährt. In einigen Fällen können billigere technische Schutzgase z. B. H_2, N_2, Formiergas, CO_2, NH_3-Spaltgase, CH_3OH-Spaltgase oder teilverbrannte Brenngase verwendet werden [10]. Bei entsprechender Nachreinigung kann jedoch auch technischer Stickstoff als Schutzgas geeignet sein. Es muß allerdings sichergestellt sein, daß keine Nitritbildung stattfinden kann. Die Schmelzen dürfen also nur geringfügig überhitzt werden.

Die Ermittlung geeigneter Schutzgaszusammensetzungen ist mit Hilfe einer Näherungsformel nach NERNST [15] möglich. Wir müssen hier auf die entsprechende Literatur verweisen.

Für Zinn, Blei und Zink genügt, wie die Versuche zeigen, eine Schutzgasatmosphäre aus N_2 mit maximal $10^{-3} O_2$, also mit verhältnismäßig hohem Sauerstoffgehalt und geringem Reinheitsgrad. Bei Aluminium und Magnesium kann man mit Vakuum oder mit Argonatmosphäre bei einem Sauerstoffanteil von maximal 10^{-6} arbeiten.

2.15 Schmelzenbehälter und Zuleitung der Schmelzen zum Schwinger

Das zu vernebelnde Metall muß zunächst erschmolzen werden, was in einem geeigneten Schmelztiegel aus keramischem Material, (z. B. aus Korund), Graphit und in gewissen Fällen aus Grauguß geschehen kann. Keramische Tiegel sind zwar chemisch sehr resistent, zeigen aber eine starke Empfindlichkeit gegenüber Temperaturschwankungen. Graphit-Tiegel sind chemisch beständig und in beliebigen Formen und Größen im Handel erhältlich, haben aber den Nachteil, sich bei mechanischer Beanspruchung sehr leicht abzunutzen. Mechanisch fest, jedoch den Metallschmelzen gegenüber weit weniger beständig sind Graugußtiegel. Die nach unseren Versuchen günstigste Lösung bildet ein Stahl- oder Graugußbehälter mit Graphit-Futter (vgl. Kap. 2.16).

Der Schmelztiegel wird von außen elektrisch beheizt und zur Wärmeisolation mit einem Mantel aus Kieselgursteinen umgeben (vgl. Abb. 11). Die Schmelze wird über ein am Boden des Schmelztiegels befestigtes, beheiztes dünnes Rohr dem nebelnden Schwinger in feinem Strahl zugeführt. Sie muß dabei so überhitzt sein, daß sie beim Auftreffen auf den Schwinger noch die zur Vernebelung erforderliche Viskosität unter etwa 10 cP besitzt und nicht auf dem Schwinger erstarrt.

Ein kontinuierlich störungsfreier Schmelzenzufluß bereitet bei niedrigem hydrostatischem Druck im Schmelztiegel gewisse Schwierigkeiten. Wegen der Oxid- und Nitridbildung bilden sich an der Ausflußöffnung des Zuflußrohres häufig »Verschlußhäutchen«, die ein Ausfließen der Schmelze verhindern können. Es hat sich deshalb als zweckmäßig erwiesen, die Schmelze mit einem genau regulierbaren Stickstoffüberdruck aus dem Tiegel herauszudrücken (vgl. Abb. 9). Dazu wird ein konischer Verschlußstab am Tiegelboden angehoben und der die Ausflußgeschwindigkeit regulierende Stickstoffüberdruck über die Öffnung V automatisch oder von Hand zugeführt. Der Schmelzenbehälter kann durch eine Querverbindung mit einem Schmelztiegel ständig neu gefüllt werden.

Bei großen Zuflußmengen in technischen Apparaten [11] erübrigt sich die Gasdruck-Regulierung. Man erhält eine konstante Schmelzenzuflußgeschwindigkeit, wenn man den Zufluß nach dem Prinzip der Mariotteschen Flasche (vgl. Abb. 10) reguliert. Der Schmelzenbehälter ist hierbei über das Zentralrohr mit dem Außendruck verbunden. Sobald die Schmelze am Bodenloch ausläuft, perlt an der unteren Öffnung des Zentralrohres Luft oder Inertgas in den Behälter. In der gesamten Ebene der unteren Zentralrohröffnung herrscht damit der gleiche Druck wie im Außenraum und zwar unabhängig davon, wie hoch der Flüssigkeitsspiegel im Schmelzengefäß ist. Wenn die Druckdifferenz zwischen den Punkten P_1 und P_2 genügend groß ist, fließt die Schmelze so lange mit konstanter Geschwindigkeit aus dem Rohr aus, bis der Flüssigkeitsspiegel die untere Öffnung des Zentralrohres erreicht hat. Mit geringfügiger Variation (z. B. Serienschaltung zweier derartiger Gefäße) läßt sich dieses Prinzip im Dauerbetrieb einsetzen.

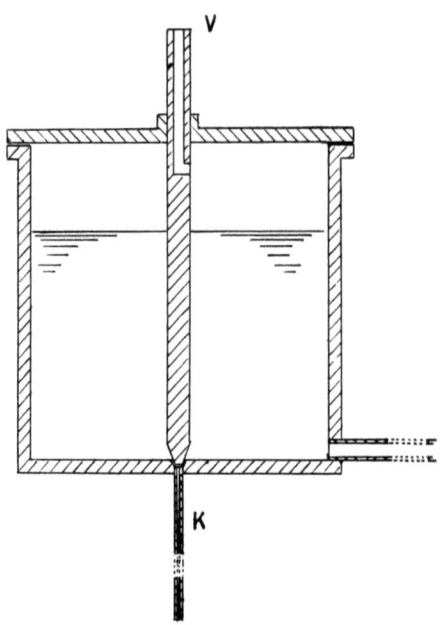

Abb. 9   Druckgas-Regelung des Schmelzenausflusses aus dem Schmelztiegel

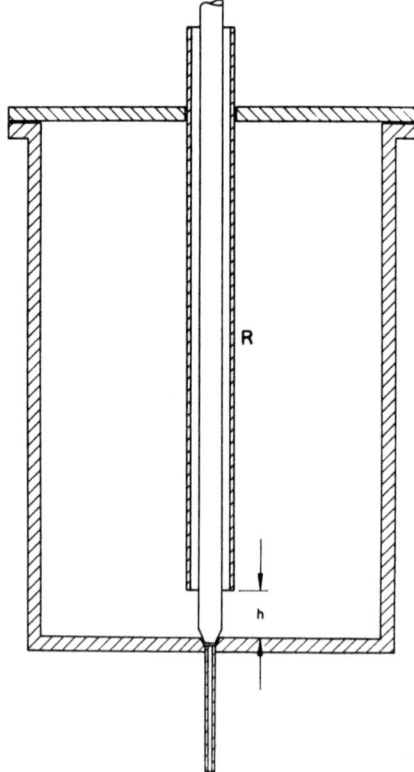

Abb. 10   Schmelzen-Ausflußregulierung nach dem Prinzip der Mariotteschen Flasche

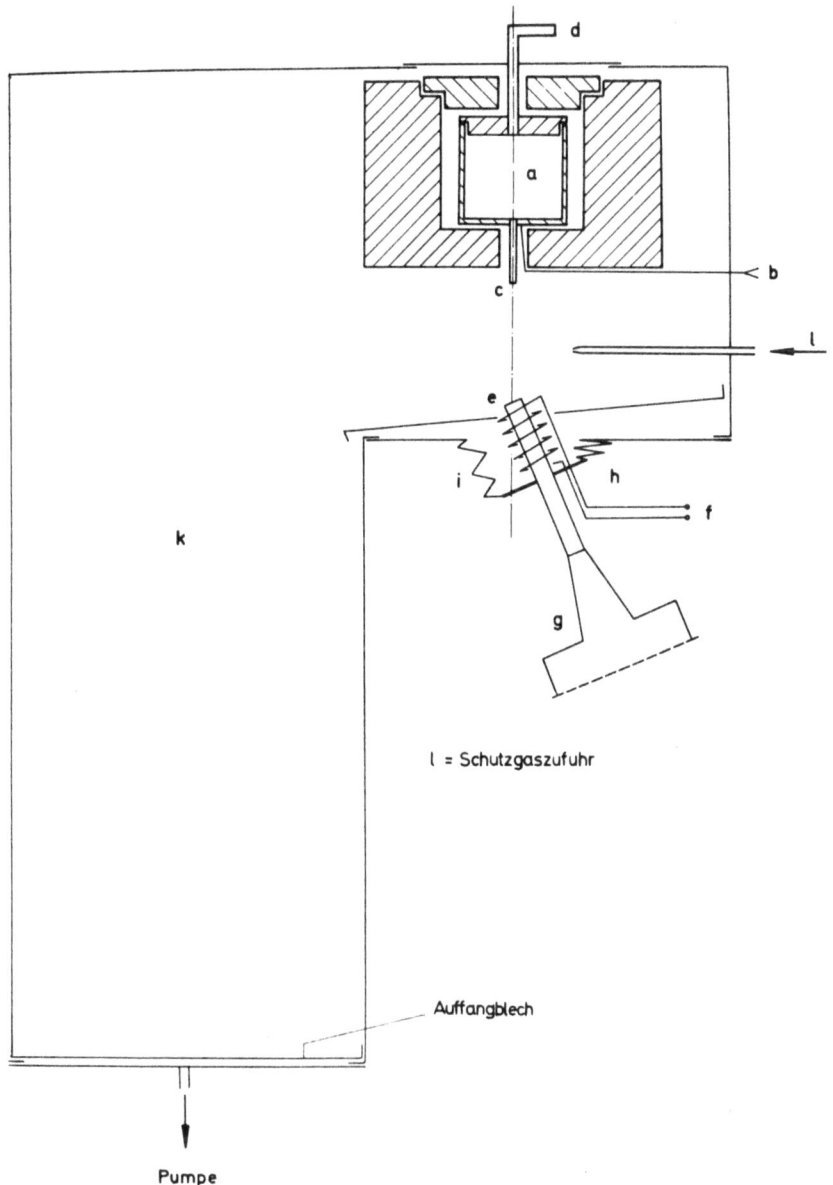

Abb. 11 Versuchsanordnung zur Vernebelung schwach sauerstoffaffiner metallischer Schmelzen

    a = Schmelztiegel (Gußeisen graphitgefüttert)
    b = Thermoelement
    c = Ausflußröhrchen
    d = Druckgas-Zuleitung
    e = nebelnde Schwingerfläche
    f = wassergekühlte Induktionsspule (Heizung)
    g = 20 kHz-Wandler
    h = schwenkbarer Flansch
    i = asbestgeschützter Gummibalgen
    k = Fallstrecke
    l = Schutzgaszuführung

2.16 Anordnung zur halbtechnischen Schmelzenvernebelung von Metallen mit geringer Neigung zur Oxidbildung

Abb. 11 zeigt die gewählte Versuchsanordnung, mit der Schmelzen aus Zinn, Blei und Zink bei einer Frequenz von 21 kHz vernebelt wurden. In einem elektrisch beheizten Tiegel (a), dessen Temperatur thermoelektrisch gemessen werden kann (b), wird das zu vernebelnde Metall geschmolzen und zur Verringerung der Viskosität auf eine Temperatur von etwa 50°C oberhalb des Schmelzpunktes erhitzt. Eine höhere Temperatur ist unzweckmäßig, weil dann die zur Abkühlung notwendige Fallstrecke zu lang würde, und die Gefahr einer Koagulation der Nebeltröpfchen zunimmt. Die Schmelze wird mit Gasüberdruck (d) durch ein Keramikröhrchen (c) auf die nebelnde Fläche (e) des Schallübertragers gedrückt. Das nebelnde Schwingerende wird vor Beginn des Versuches mit einer wassergekühlten Induktionsspule (f) auf die Schmelzentemperatur vorgeheizt. Der Schalleiter, ein auf 21 kHz abgestimmter $\lambda/2$-Stufenkonzentrator, ist mit einem wassergekühlten Magnetostriktionswandler (g) verbunden und im Bewegungsknoten mittels einer Membran (h) an das Gehäuse angeflanscht. Der Flansch ist schwenkbar (i), so daß die Vernebelungsrichtung in gewissen Grenzen variiert werden kann. Dadurch kann die mittlere »Wurf«-Parabel der Nebeltröpfchen auf das Zentrum der Fallstrecke (k) einjustiert werden. Die Apparatur wird vor Beginn der Vernebelung zur Entfernung des Sauerstoffs ausgiebig mit Stickstoff gespült. Während der Vernebelung wird mittels einer flachen Düse (l) ein Stickstoffstrahl auf die nebelnde Fläche gerichtet, der den entstehenden Metallstaub in die Fallstrecke bläst. Das Metallpulver wird am Boden der Fallstrecke mit einem Auffangblech aufgefangen.

2.17 Versuchsanordnung zur Vernebelung von Metallen mit starker Neigung zur Oxidbildung

Mit der im vorigen Abschnitt beschriebenen Apparatur war es nicht möglich, die stark sauerstoffaffinen Schmelzen des Aluminiums und Magnesiums zu vernebeln.
Mit der in Abb. 12 dargestellten Anordnung konnte gezeigt werden, daß eine Vernebelung von Aluminium und Magnesium bei Abwesenheit von Sauerstoff prinzipiell möglich ist. Die Abbildung zeigt den oberen Teil eines gestuften $\lambda/2$-Übertragers, an dessen oberem Ende in einer Vertiefung das Aluminium oder Magnesium mit Hilfe einer wassergekühlten Induktionsspule geschmolzen wird. Im Bewegungsknoten ist ein Kieselglasrohr aufgekittet, das am oberen Ende in eine Glaskugel einmündet. Die Glaskugel kann mit einer Pumpe evakuiert und mit Argon gefüllt werden.
Bei einem Argondruck von 10^{-2} Torr wurde Aluminium vernebelt. Der häufigste Durchmesser der kugeligen Tropfen betrug 60 µm und entsprach damit etwa dem theoretisch zu erwartenden Wert.
Die Versuche haben gezeigt, daß Metalle mit Schmelztemperaturen bis 700°C durch Ultraschall niedriger Frequenz vernebelt werden können. Eine Vernebelung bei höheren Temperaturen erscheint durchaus möglich, wenn es gelingt (beispielsweise durch Einsatz keramischer Übertrager) temperaturbeständige, leistungsstarke Schallübertrager zu finden und die Ausbildung der nebelhemmenden Oxidhäutchen auf der Schmelze zu unterbinden.

2.18 Versuchsergebnisse

2.181 Größenverteilung der erzeugten Metallpulver

Nach STAMM [4] genügen die Tropfengrößenverteilungen bei der Ultraschall-Vernebelung einer logarithmischen Normalverteilung mit einem Häufigkeitsmaximum bei einem

Viertel der Kapillarwellenlänge. Trägt man also die Summenhäufigkeit der gewonnenen Metallpulver in einem Wahrscheinlichkeitspapier mit logarithmischer Merkmalsteilung (Teilchendurchmesser als Abszisse) auf, so müssen sich Geraden ergeben (vgl. Abb. 13). Die in der Häufigkeitsverteilung

$$(10) \qquad H_N(D) = \frac{1}{s\sqrt{2\pi}} \exp\left[-\frac{(\ln D - \ln D_h)^2}{2\,s^2}\right]$$

enthaltene Streubreite s (auch Standard-Abweichung genannt) gibt an, wie breit das Durchmesserintervall zwischen den beiden Wendepunkten D_1 und D_2 der logarithmischen Normalverteilung ist. Innerhalb dieses Intervalls liegen etwa 68% der gewonnenen Teilchen. Die charakteristischen Wendepunktabszissen D_1 und D_2 gehören zu den Wahrscheinlichkeitswerten 15,87% und 84,13% der Summenhäufigkeit (Ordinate). Es gilt für die Streubreite

$$(11) \qquad s = 0{,}5 \cdot \ln \frac{D_2}{D_1}$$

Wegen der Symmetrie der logarithmischen Normalverteilung entspricht dem Ordinatenwert von 50% der Abszissenwert, der den häufigsten Tropfen- bzw. Teilchendurchmesser D_n angibt. Abb. 13 zeigt als Beispiel die Korngrößenverteilung für Blei. Zu ihrer Aufnahme wurden jeweils 2500 Teilchen an Hand repräsentativer Fotos (vgl. Abb. 14) mit einem halbautomatischen Teilchenzähler TGZ 3 der Fa. Carl Zeiss ausgezählt und registriert.

In Tab. 3 sind die häufigsten Teilchendurchmesser D_h (verglichen mit den $\lambda_k/4$-Werten) und die Streubreite s angegeben. Die letzte Spalte gibt den Durchmesserbereich an, innerhalb dessen etwa 68% aller Teilchen zu finden sind. Dieser Bereich ist verglichen mit konventionellen Zerkleinerungsapparaturen außerordentlich schmal.

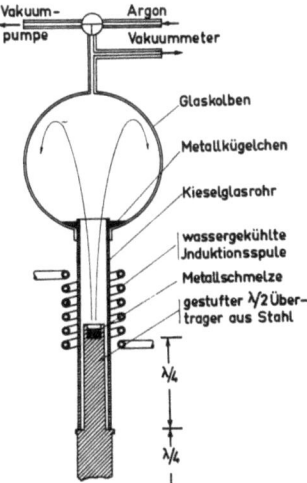

Abb. 12 Apparatur zur Vernebelung stark sauerstoffaffiner Metallschmelzen (Beschreibung im Text)

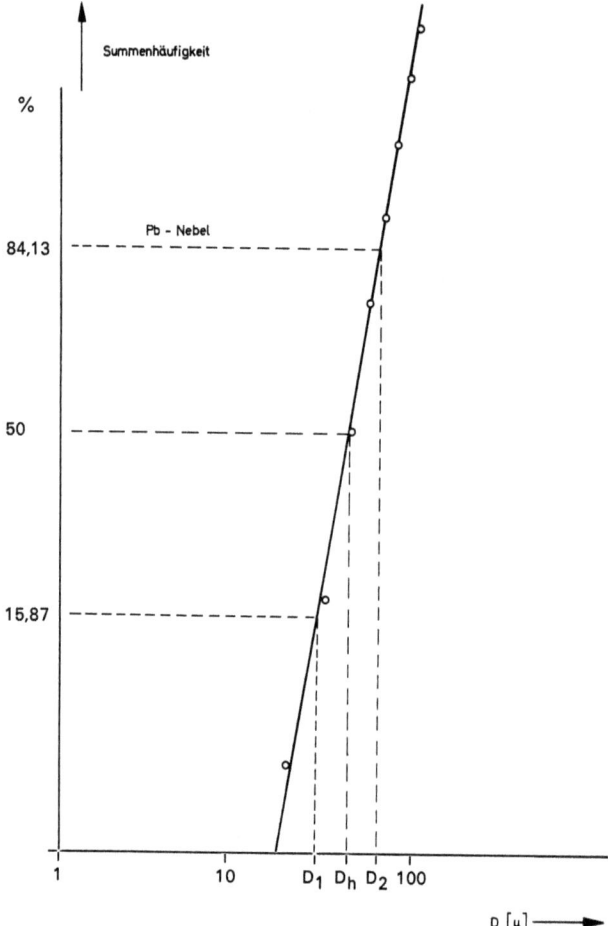

Abb. 13 Beispiel einer Größenverteilung eines durch Ultraschall-Vernebelung bei 20 kHz gewonnenen Metallpulvers im Wahrscheinlichkeitsnetz mit logarithmischer Merkmalsteilung (logarithmische Normalverteilung)
D = Teilchendurchmesser
D_h = Erwartungswert
$s = \frac{1}{2} \ln \frac{D_2}{D_1}$ = Standardabweichung

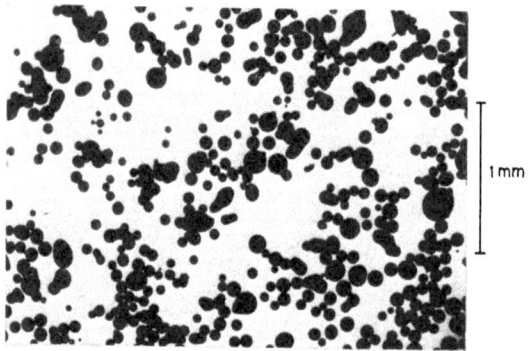

Abb. 14 Mikroskopaufnahme eines durch Ultraschall-Vernebelung gewonnenen Zinkpulvers

Tab. 3

Metall	$\dfrac{D_h}{\mu m}$	$\dfrac{\lambda_k/4}{\mu m}$	s	68%-Intervall %
Sn	43	43	0,31	$D_h \begin{smallmatrix}-28\\+35\end{smallmatrix}$
Pb	39	33	0,37	$D_h \begin{smallmatrix}-34\\+48\end{smallmatrix}$
Zn	46	47	0,32	$D_h \begin{smallmatrix}-27\\+42\end{smallmatrix}$
Al	60	56	0,35	$D_h \begin{smallmatrix}-28\\+38\end{smallmatrix}$

2.182 Vernebelungsgeschwindigkeit, Verteilungsfunktion und Oberflächenausbeute

Die Ultraschall-Vernebelung beruht, wie gezeigt wurde, auf einer Tropfenabschnürung aus einem schachbrettartig angeordneten Gitter stehender Kapillarwellen, die mit der halben Anregungsfrequenz schwingen. Die maximale Vernebelungsgeschwindigkeit ist also theoretisch erreicht, wenn pro Schwingungsdauer $T_k = \dfrac{1}{f_k}$ der Oberflächenschwingung aus jedem Kapillarwellenquadrat der Kantenlänge $\lambda_k/2$ genau 1 Tropfen abgeschnürt wird.

Daraus ergibt sich für die auf die Flächen- und Zeiteinheit bezogene maximal abgenebelte Tropfenzahl (Teilchenzahl) der Wert

$$(12) \quad \overline{N}_{max} = \dfrac{N_{max}}{S \cdot t} = \dfrac{4 f_k}{\lambda_k{}^2} = \dfrac{2 f_a}{\lambda_k{}^2}$$

Unter Berücksichtigung der logarithmischen Normalverteilung für die Teilchenzahl [vgl. (10)] lassen sich dann bei bekannter Streubreite s (Standard-Abweichung) und bekanntem Tropfengrößenoptimum D_h unmittelbar die theoretischen spezifischen Maximalwerte für die bei der Vernebelung gebildete Oberfläche $\bar{O}_{max}$ und das bei der Vernebelung gebildete Volumen $\bar{V}_{max}$ berechnen. Man erhält aus (10) und (12) unter der Annahme kugelförmiger Partikeln und der Beziehungen

$$(13) \quad D^2 = e^{2 \ln D}; \quad D^3 = e^{3 \ln D}$$

durch quadratische Ergänzung, die Gleichungen:

$$(14) \quad \bar{O}_{max} = \overline{N}_{max} \int_{-\infty}^{+\infty} H_O(D)\, d(\ln D)$$

$$(15) \quad \bar{V}_{max} = \overline{N}_{max} \int_{-\infty}^{+\infty} H_V(D)\, d(\ln D)$$

mit den Verteilungsfunktionen

$$(16) \quad H_O(D) = \dfrac{1}{s\sqrt{2\pi}} \exp\left[-\dfrac{(\ln D - \ln[D_h e^{2 s^2}])^2}{2 s^2} \right]$$

$$(17) \quad H_V(D) = \dfrac{1}{s\sqrt{2\pi}} \exp\left[-\dfrac{(\ln D - \ln[D_h e^{3 s^2}])^2}{2 s^2} \right]$$

Die Beziehungen (16) und (17) stellen die entsprechenden Verteilungsfunktionen für die Partikeloberfläche und das Partikelvolumen als Funktion des Partikeldurchmessers D dar. Beide Funktioen sind wiederum logarithmische Normalverteilungen. Während aber bei der Zahlenverteilung $H_N(D)$ das Optimum bei $D_h = \lambda_k/4$ liegt, verschiebt sich bei der Oberflächenverteilung $H_O(D)$ das Optimum zu

(18) $$D_{h,O} = D_h \cdot e^{2s^2}$$

und bei der Volumenverteilung zu

(19) $$D_{h,V} = D_h \cdot e^{3s^2}$$

d. h. zu Werten größer als $\lambda_k/4$.

Die Integration der Beziehungen (14) und (15) liefert mit (6) und (16) bis (19):

(20) $$\frac{\bar{O}_{max}}{cm^2/cm^2 \cdot s} = \pi D_h^2 e^{2s^2} \bar{N}_{max} \cong 0{,}4 \, e^{2s^2} f_a$$

(21) $$\frac{\bar{V}_{max}}{cm^3/cm^2 \cdot s} = \frac{\pi}{6} D_h^3 e^{9/2 \, s^2} \bar{N}_{max} \cong 0{,}04 \, e^{9/2 \, s^2} \cdot \sqrt[3]{\frac{\sigma}{\varrho}} f_a$$

Bezieht man die gebildete Oberfläche auf das jeweils zugehörige vernebelte Flüssigkeitsvolumen, so erhält man für die Oberflächenausbeute

(22) $$P_{O/V} = \frac{\bar{O}}{\bar{V}} = 6 \, D_h^{-1} e^{-2{,}5 \, s^2}$$

Bei einer mittleren Streubreite s von etwa 0,32 (vgl. Tab. 3) gilt dann für die Oberflächenausbeute der vernebelten Metallschmelzen

(23) $$\frac{P_{O/V}}{cm^2/cm^3} = (1 \text{ bis } 2) \cdot f_a^{2/3}$$

Tab. 4 veranschaulicht die Werte $\bar{O}_{max}$, $\bar{V}_{max}$ und $P_{O/V}$, die sich pro Zeit- und Flächeneinheit aus den experimentell ermittelten Teilchengrößenoptima D_h und Streubreiten s (vgl. Tab. 3) für vernebelte Schmelzen aus Zinn, Blei, Zink und Aluminium bei 21 kHz ergeben. Man erhält also maximale theoretische Vernebelungsgeschwindigkeiten von etwa 30 Liter Flüssigkeit pro Stunde und cm² Schwingerfläche.

Tab. 4

Metall	$\bar{O}_{max} \left[\dfrac{cm^2}{cm^2 \cdot s}\right]$	$\bar{V}_{max} \left[\dfrac{cm^3}{cm^2 \cdot s}\right]$	$P_{O/V} \left[\dfrac{cm^2}{cm^3}\right]$
Sn	$0{,}98 \cdot 10^4$	7,5	$1{,}3 \cdot 10^3$
Pb	$1{,}06 \cdot 10^4$	6,9	$1{,}54 \cdot 10^3$
Zn	$0{,}98 \cdot 10^4$	8,3	$1{,}18 \cdot 10^3$
Al	$1{,}02 \cdot 10^4$	11	$0{,}93 \cdot 10^3$

Die wirklich erzielten Durchsätze sind 40–50% niedriger als diese Maximalwerte. So wurden mit einem 21-kHz-Wandler von 3 cm² abstrahlender Fläche bei einer Amplitude von etwa 25 μm (entsprechend einer Leistungsaufnahme von etwa 500 Watt) innerhalb der kurzen Versuchsdauer Geschwindigkeiten zwischen 40 und 50 l/h erreicht.

Diese Vernebelungsgeschwindigkeiten übertreffen aber die Durchsätze herkömmlicher technischer Zerkleinerungsmaschinen bei gleicher Leistungsaufnahme bereits um Größenordnungen. Hinzu kommt der Vorteil der Raumersparnis, der Geräuschfreiheit und des relativ schmalen, genau vorwählbaren Tropfengrößenspektrums.

2.2 Schmelzenvernebelung bei 0,8 MHz

Während die Metallpulvergewinnung durch Schmelzenvernebelung bei niedrigen Ultraschallfrequenzen relativ unproblematisch ist, treten bei hohen Ultraschallfrequenzen große Schwierigkeiten auf, die vor allem in der Erzeugung der für die Vernebelung notwendigen Schallschnelleamplituden liegen (vgl. Tab. 2 und Abb. 3).
Will man beispielsweise Aluminiumpulver mit mittleren Teilchendurchmessern unter 10 μm erzeugen, so muß man bei den notwendigen Frequenzen über 300 kHz bereits zu piezoelektrischen Wandlern übergehen, die wegen der Temperaturisolation (Curiepunkt) als Koppelschwinger mit einem entsprechend gekühlten Vorsatz in einer hohen Oberschwingung angeregt werden müssen. Die Rechnung zeigt nun, daß z. B. bei Quarzwandlern die Festigkeitsgrenzen bei 300 kHz mit der Nebeleinsatzamplitude bereits erreicht und bei höheren Frequenzen überschritten werden. Man muß also versuchen, die Schnelleamplituden durch geeignete Materialien höherer Festigkeit hochzutransformieren, wobei normalerweise Konzentratoren mit Gauss-Charakteristik am besten geeignet sind, weil sie die Transformation ohne Spannungsanstieg ermöglichen [16].
Die Transformation mit stabförmigen Übertragern wird allerdings bei hohen Frequenzen praktisch unmöglich oder zumindest für die Berechnung kaum zugänglich, weil man bei den üblichen Stababmessungen in ein Gebiet starker Dispersion, d. h. frequenz- und stabdurchmesserabhängiger Schallgeschwindigkeitsänderungen gelangt [17].
In diesem Dispersionsgebiet treten zahlreiche verschiedene Schwingungsmoden auf, und die Stabschwingung ist – insbesondere bei Übertragern mit nicht konstantem Querschnitt – nicht genau berechenbar. Die Schwingungsenergie kann z. B. von einem erwünschten Schwingungsmod zu einem unerwünschten (z. B. Biegeschwingung oder Radialschwingung) übergehen und somit die erforderliche Amplitudentransformation unmöglich machen.
Vorversuche mit einem durch einen zylindrischen $\lambda/2$-Kieselglasübertrager thermisch »isolierten« Planquarz-Wandler haben zunächst bestätigt, daß bei Metallschmelzen mit niedriger Gaslöslichkeit eine Vernebelung bei verfügbaren Wandleramplituden von etwa 0,05 μm nicht möglich ist. Die Kavitation, die z. B. bei der Vernebelung gashaltiger Flüssigkeiten (vgl. Kap. 1) eine wesentliche Rolle spielt und zu einem Nebeleinsatz bei kleinen Wandleramplituden führen kann, ist bei Metallschmelzen mit niedriger Gaslöslichkeit nur von untergeordneter Bedeutung.

2.21 *Verwendung von Hohlübertragern*

Um die störende Dispersion der Schallgeschwindigkeit zu umgehen, wurden Hohlübertrager hergestellt, die eine Transformation in den gewünschten Grenzen ermöglichten. Die Hohlübertrager wurden zunächst aus Pyrex-Glasrohren verschiedener Wandstärke gezogen und experimentell auf ihre Eignung als Schnelletransformatoren getestet. Abb. 15 zeigt Spannungsbilder derartiger Hohlübertrager, die durch polarisiertes Licht sichtbar gemacht wurden.
Durch zahlreiche Versuche konnte eine Hohlkonzentratorform als optimal ermittelt werden, bei der die Eingangsseite durch eine Hyperbel mit dem Halbparameter $p = 2\lambda$

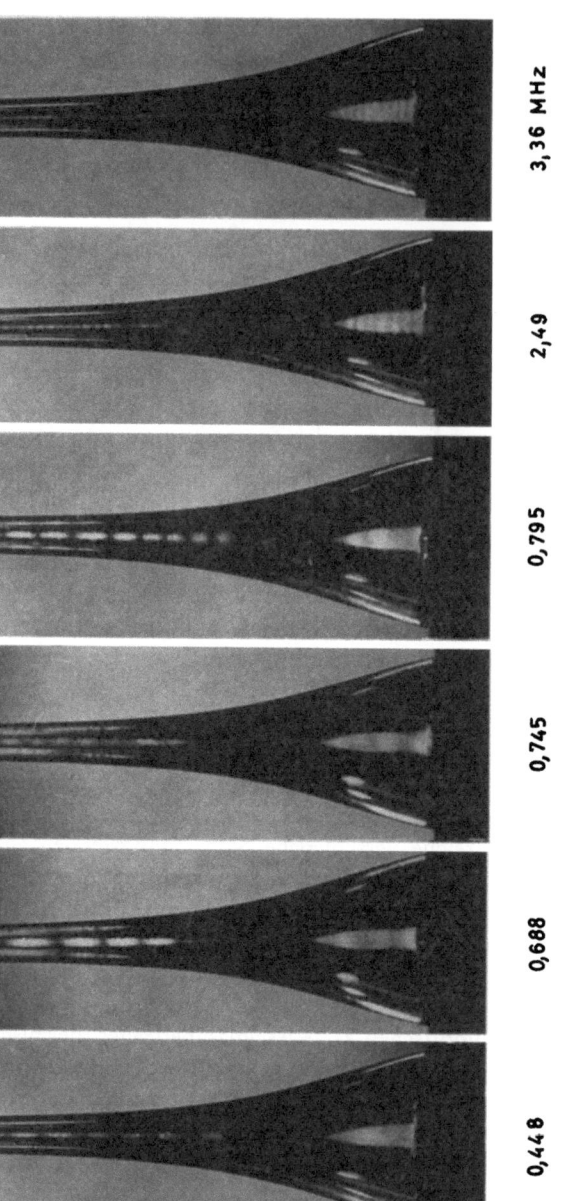

Abb. 15   Spannungsbilder ultraschallerregter Hohlübertrager aus Pyrexglas

und die Ausgangsseite durch einen Kreis mit dem Radius λ gebildet wird (vgl. Abb. 16). Die zur Vernebelung notwendigen Amplituden konnten mit einem derartigen Konzentrator aus Kieselglas bei einer Generatorleistung von 50 Watt erreicht werden.

Aus der Gegenüberstellung der Dauerwechselfestigkeiten σ_D in Tab. 5 ersieht man, daß an Stelle der Quarzglas-Konzentratoren besser entsprechende Metallkonzentratoren, z. B. aus Titan 318 A der IMI eingesetzt werden sollten. Die nebelnde Oberfläche muß dann allerdings durch eine keramische Schutzschicht (vgl. Kap. 2.12) korrosionsfest gemacht werden. Entsprechende Versuche haben die gute Eignung dieses leicht zu bearbeitenden und akustisch hoch belastbaren Materials bereits unter Beweis gestellt.

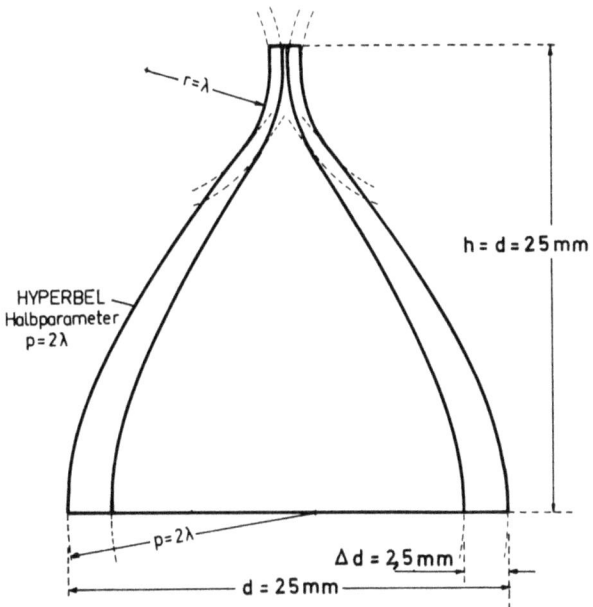

Abb. 16 Bisheriger optimaler Hohlübertrager aus Quarzglas (Amplitudenverstärkung 1:10 bei einem effektiven Flächenverhältnis von 100:1)

Aus der letzten Spalte $\sigma_D/\varrho c$ der Tab. 5 wird die gute Eignung der Titanlegierung 318 A besonders deutlich. Wegen (2) und (3) ergibt sich

(24) $$\bar{\sigma}_n = \frac{\sigma_{max,n}}{\sigma_D} = \frac{\omega A_n}{\sigma_D/\varrho c}$$

als Maß für die Auslastung des Schwingers bei einer Schnelleamplitude ωA_n am Nebeleinsatz. Je größer der $\sigma_D/\varrho c$-Wert ist, desto geringer ist die relative Belastung des Schwingers bei der erforderlichen Schnelleamplitude ωA_n.

Die Belastung nimmt – wenn man von der Dispersion der Schallgeschwindigkeit absieht – nach (24) linear mit der Wandlerschnelle bei Nebeleinsatz oder damit wegen (5) mit $f_a^{2/3}$ zu. Da die Nebeleinsatzamplitude beim Vernebeln von Blei- und Zinnschmelzen bei 0,8 MHz etwa 0,3 µm beträgt, dürfte der Quarzglaswandler nahezu seine Belastbarkeitsgrenze erreicht haben, während ein Wandler aus Titan 318 A bei einer Vernebelungstemperatur von etwa 500°C mit weniger als 10% seiner theoretischen Wechselbelastbarkeit arbeiten würde.

Die Schnelleamplitude bei Nebeleinsatz beträgt für Pb und Sn bei 0,8 MHz etwa 150 cm/s, so daß bei Titan 318 A (500°C) eine relative Belastung $\bar{\sigma}_n$ von ungefähr 7% zu erwarten wäre.

Tab. 5 Vergleich einiger Schallübertragungs-Materialien

Übertragermaterial	ϱ / (g/cm³)	$c \cdot 10^{-5}$ / (cm/s)	σ_D / (kp/mm²)	$\sigma_D/\varrho c$ / (cm/s)
Quarzglas	2,6	5,37	–	~ 200
K-Monel (56 Ni, 29 Cu, 2,75 Al, 0,9 Sn, 0,4 Mn, 0,15 Co, 0,24 Si)	8,9	4,3	17,8	465
Duralumin (Al mit CuMgSi)	2,79	5,13	19	1320
Werkzeugstahl KE 672 (Fe mit 1,1 C, 0,6 Mn, 1,5 Cr, 0,55 W)	7,9	5,24	55	1320
Ti 318 A (20°C) (6 Al, 4 V)	4,51	4,9	72	3260
Ti 318 A (500°C)				~ 2100

2.22 Amplitudenmessung bei 0,8 MHz

Während bei niedrigen Ultraschallfrequenzen eine berührungslose elektrodynamische Amplitudenmessung mit einer optisch geeichten Wirbelstromsonde nach POHLMAN [12] möglich war, mußten die Amplituden bei 0,8 MHz, die in der Größenordnung 0,1 μm liegen, nach dem Prinzip des Kondensatormikrofons gemessen werden.

Der prinzipielle Aufbau der Amplitudenmeßsonde, die auch von EISENMENGER [3] verwendet wurde, ist in Abb. 17 wiedergegeben. Die Sonde besteht aus einem 40-kHz-Schwinger mit einem Masonhorn aus Pyrexglas, dessen Bewegungsamplitude mikroskopisch gemessen wird. Die Spitze dieses Masonhorns ist mit Leitsilber metallisiert und mit dem elektrischen Abgriff am Bewegungsknoten verbunden. Zur Messung wird die Sonde mittels eines Mikroskopstativs nahe über die metallisierte Oberfläche des Hohlübertragers geführt. Der durch diese zwei Oberflächen gebildete Kondensator wird elektrostatisch vorgespannt und die durch die mechanischen Schwingungen und der damit verbundenen Abstandsänderung verursachte HF-Spannung über einen Impedanzwandler, mit einer für diese Zwecke gebräuchlichen Schaltung angezeigt.

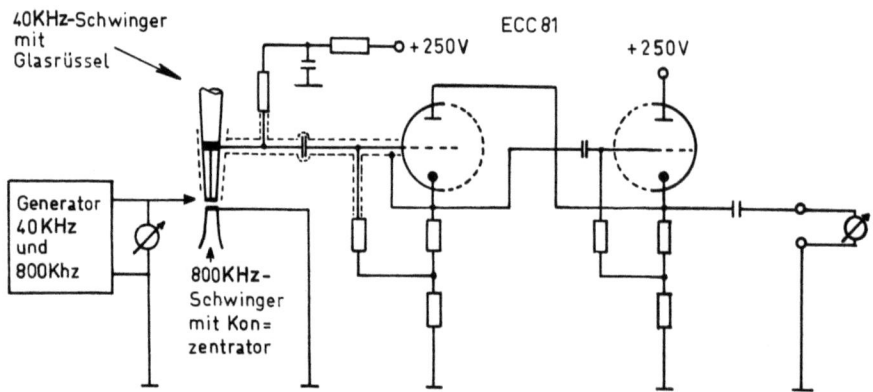

Abb. 17 Amplitudenmessung mit einer kapazitiven Sonde

Die angezeigte Spannung U_{HF} ist mit

(25) $$U_{HF} \cong \frac{U=}{b_0} \cdot A$$

proportional der Amplitude A, wobei die Sondenvorspannung $U=$ und der Ruheabstand b_0 zwischen Sonde und Oberfläche des Hohlübertragers konstant sind. Die Art dieser Anordnung hat den Vorteil, daß eine Absolutmessung durch eine exakte Eichung des Systems möglich ist. Zunächst wird bei nicht angeregtem Hohlübertrager die Sondenspitze mit einer optisch gemessenen Amplitude A_s bei 40 kHz angeregt. Danach erfolgt die Bestimmung der am Impedanzwandlereingang auftretenden Spannung $U_{40 \text{ kHz}}$ bei abgeschalteter Sondenanregung durch eine Referenzspannung, die denselben Instrumentenausschlag am Ausgang des Impedanzwandlers liefert. Der gleiche Vorgang wiederholt sich bei ruhender Sondenspitze und eingeschalteter Anregung des Hohlübertragers, wobei man hier die Referenzspannung $U_{800 \text{ kHz}}$ erhält. Die Amplitude A ergibt sich dann aus

(26) $$A = \frac{U_{800 \text{ kHz}}}{U_{40 \text{ kHz}}} \cdot A_s$$

Es ist wesentlich, daß hierbei weder der spezielle Feldverlauf zwischen Sonde und Hohlübertrager noch der Frequenzgang (vgl. Abb. 18) des Impedanzwandlers und der anderen verwendeten Verstärker einen Einfluß auf die Meßgenauigkeit haben. In Abb. 19 wird ein Meßbeispiel der Amplituden als Funktion der Anregungsspannung des Generators angegeben. Der relative Meßfehler bei der Bestimmung der Nebeleinsatzamplitude ergibt sich aus

(27) $$\frac{\Delta A}{A} = \frac{\Delta A_s}{A_s} + \frac{\Delta U_{800 \text{ kHz}}}{U_{800 \text{ kHz}}} + \frac{\Delta U_{40 \text{ kHz}}}{U_{40 \text{ kHz}}}$$

Der Fehler $\frac{\Delta A_s}{A_s}$ bei der optischen Bestimmung der Amplitude beträgt etwa 2,5%, die Fehler bei der Bestimmung der Spannung $U_{800 \text{ kHz}}$ und $U_{40 \text{ kHz}}$ je 2–3%. Zu diesen Fehlern addiert sich eine Unsicherheit bei der Bestimmung des Nebeleinsatzes von ungefähr 5%, so daß der Gesamtfehler mit 13% angenommen werden muß.

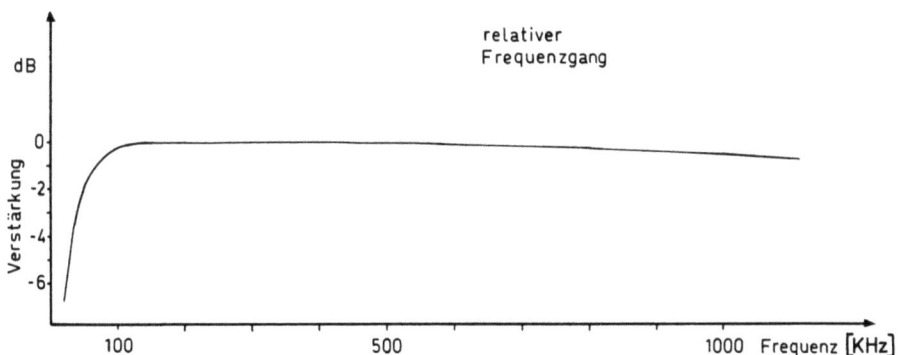

Abb. 18 Frequenzgang des Impedanzwandlers bei der Amplitudenmessung mit einer kapazitiven Sonde

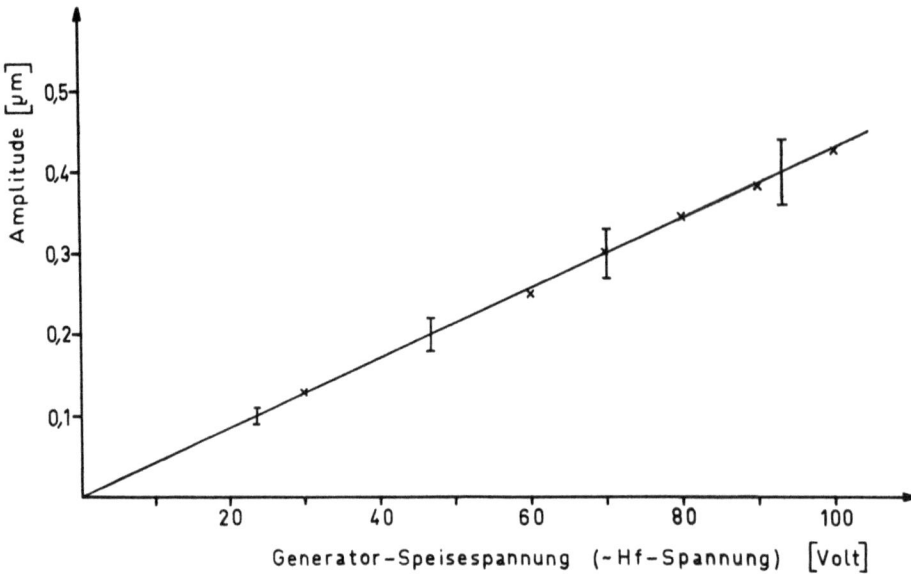

Abb. 19 Eichkurve für die Amplitudenmessung eines 0,8-MHz-Hohlübertragers als Funktion der Generator-Eingangsspannung

2.23 Versuchsapparatur zur Schmelzenvernebelung bei 0,8 MHz

Abb. 20 zeigt schematisch die verwendete Versuchsapparatur. Die Schwingung wird durch einen Quarzwandler geliefert, der von einem 200-Watt-Generator gespeist wird und durch eine $^3/_2$ λ-dicke Stahlschutzplatte abgedeckt ist. Der an der Stahlplatte angekittete Hohlkonzentrator bewirkt eine Amplitudentransformation um den Faktor 10, die bei den verfügbaren Eingangsamplituden von etwa 0,05 µm zur Vernebelung ausreicht. Die Vernebelung erfolgt in einer Glasglocke, aus der durch Abpumpen und Begasen mit Argon der Sauerstoff entfernt wird. Das Metall wird durch Absenken eines Metalldrahtes durch eine vakuumdichte Durchführung in festem Zustand zugeführt und oberhalb der beheizten nebelnden Konzentratorendfläche elektrisch geschmolzen. Die Heizung erfolgt mit einer Drahtwendel aus Kantal. Durch die Heizung werden Metallkugeln von etwa 1 bis 2 mm ⌀ vom Metalldraht abgeschmolzen und von der Endfläche des Hohlkonzentrators, die durch ein Planfenster mikroskopisch beobachtet werden kann, abgenebelt. Die Nebeltröpfchen werden auf kollodiumbeschichtete Blenden aufgefangen und zur Teilchengrößenanalyse anhand elektronenmikroskopischer Aufnahmen ausgewertet.

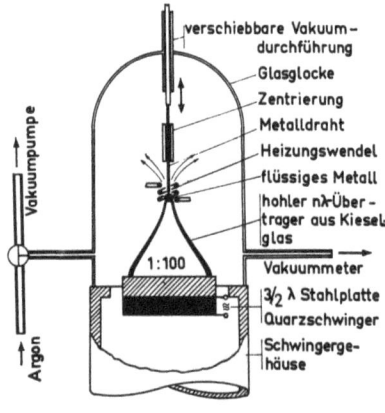

Abb. 20

Versuchsaufbau (schematisch) für die Ultraschall-Vernebelung von Metallschmelzen bei 0,8 MHz (Beschreibung im Text)

2.24 Ergebnisse der Schmelzenvernebelung bei 0,8 MHz

In Tab. 6 sind für Blei und Zinn neben der mikroskopisch ermittelten Nebeleinsatzamplitude und der theoretischen Kapillarwelleneinsatzamplitude, die aus der Teilchengrößenanalyse ermittelten häufigsten Teilchengrößen und die Standardabweichungen s der logarithmischen Normalverteilung (vgl. Abb. 21) angegeben.

Tab. 6 Ergebnisse der Metallvernebelung bei 0,8 MHz

Metall	$\dfrac{D_h}{\mu m}$	$\dfrac{\lambda_k/4}{\mu m}$	$\dfrac{A_k}{\mu m}$	$\dfrac{A_n}{\mu m}$	s	$\dfrac{A_n}{A_k}$
Sn	3,5	3,6	0,08	0,34	0,35	4,3
Pb	3,8	2,93	0,107	0,26	0,35	2,4

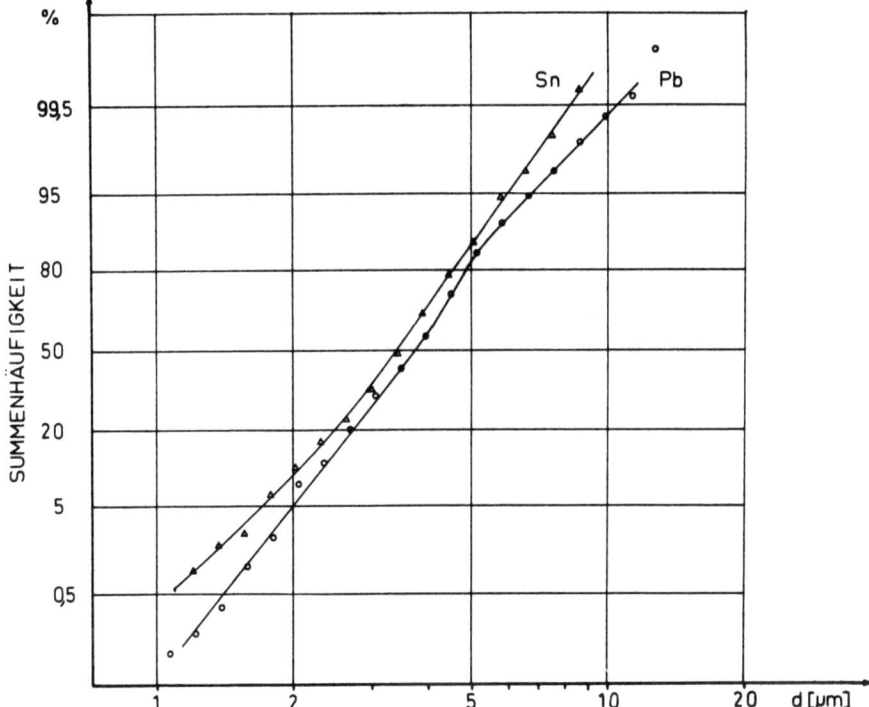

Abb. 21 Summenhäufigkeit für Metallpulver aus Zink und Blei die bei 0,8 MHz durch Ultraschall-Vernebelung gewonnen wurden. Die Übereinstimmung mit einer logarithmischen Normalverteilung (vgl. Abb. 13) ist befriedigend.

Die Übereinstimmung mit den Aussagen der Kapillarwellentheorie ist bezüglich der Tropfengrößenverteilung befriedigend.
Wie die elektronenmikroskopischen Aufnahmen der Bleiteilchen in Abb. 22 zeigen, können – vermutlich verursacht durch Nachschwingen der Nebeltropfen während der Erstarrung – an Stelle der rein kugelförmigen Teilchen auch Teilchen mit einer schwachen Oberflächenstruktur auftreten.
Neben den oben angegebenen Metallen Blei und Zinn, wurde auch Zink, Wismuth und Cadmium bei 0,8 MHz mit Erfolg vernebelt. Die Vernebelung von aggressiven

Metallschmelzen konnte jedoch bei dieser Frequenz mit den zur Verfügung stehenden Schwingermaterialien, einschließlich der oxidischen Werkstoffe, noch nicht realisiert werden.

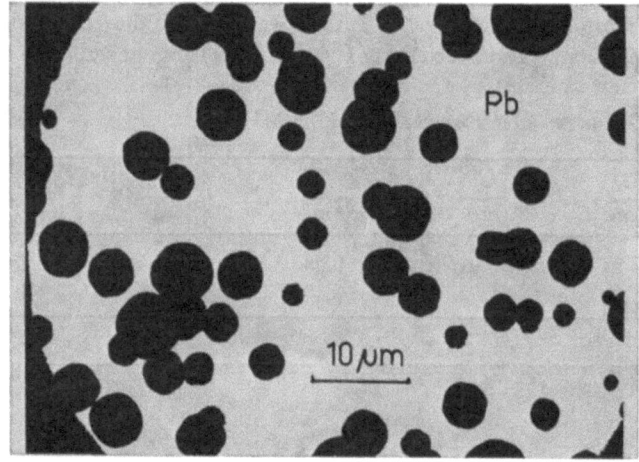

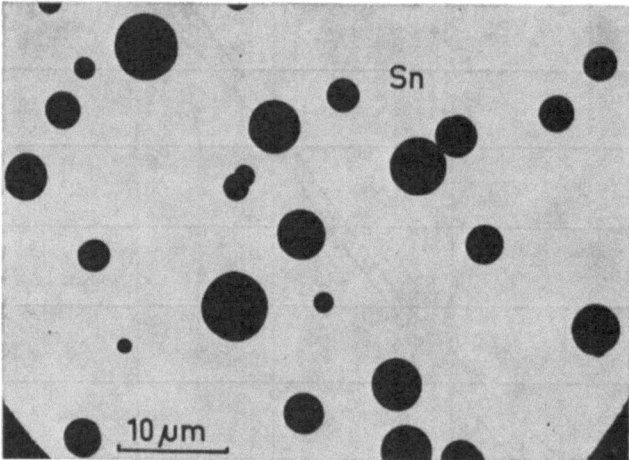

Abb. 22 Elektronenmikroskopische Aufnahmen von Metallpulvern, die durch Ultraschall-Vernebelung bei 0,8 MHz gewonnen wurden

3. Zusammenfassung

Am technisch interessanten Beispiel der Metallpulver-Gewinnung durch Ultraschall-Vernebelung metallischer Schmelzen wird gezeigt, daß der Vernebelungsmechanismus durch die Kapillarwellen-Theorie widerspruchsfrei beschrieben werden kann.
An Hand mikroskopischer und elektronenmikroskopischer Teilchengrößenanalysen und an Hand genauer Messungen der Kapillarwellen- und Nebeleinsatzamplituden konnte die Gültigkeit der Kapillarwellen-Vorstellung bei Flüssigkeiten mit niedriger Gaslöslichkeit (Metallschmelzen) auch im MHz-Gebiet bestätigt werden.

Die von STAMM [4] begonnenen Vernebelungsversuche wurden auf Metallschmelzen mit Schmelztemperaturen bis 700°C und auf Frequenzen bis 0,8 MHz ausgedehnt*. Die speziellen technologischen Probleme, die sich unter diesen Bedingungen ergeben, wurden ausführlich diskutiert und weitgehend gelöst.

4. Verwendete Formelzeichen

L = Längen, M = Massen-, T = Zeit-, V = Spannungseinheit

A, A_s	L	Bewegungsamplitude
A_k	L	Kapillarwellen-Einsatzamplitude
A_n	L	Nebeleinsatzamplitude
D	L	Tropfen- bzw. Teilchendurchmesser
D_h	L	häufigster Tropfen- bzw. Teilchendurchmesser
D_1, D_2	L	Wendepunkts-Abszissen in der logarithmischen Normalverteilung
E	$ML^{-1}T^{-2}$	Elastizitätsmodul
σ_D	$ML^{-1}T^{-2}$	Dauerwechselfestigkeit
$H(D)$	–	relative Häufigkeit im Tropfengrößen-Spektrum
$H_N(D)$	–	relative Teilchengrößenhäufigkeit
$H_O(D)$	–	relative Oberflächenhäufigkeit
$H_V(D)$	–	relative Volumenhäufigkeit
$\bar{N}_{max}$	$L^{-2}T^{-1}$	maximal vernebelte Tropfenzahl pro Zeit- und Flächeneinheit
$\bar{O}_{max}$	T^{-1}	maximal gebildete Oberfläche pro Zeit- und Flächeneinheit
$P_{O,V} = \dfrac{O_{max}}{V_{max}}$	L^{-1}	Oberflächenausbeute
S	L^2	Wandlerfläche
T	°C	Schmelzentemperatur
T_s	°C	Schmelzpunkt
U_n	LT^{-1}	Wandler-Schnelleamplitude beim Nebeleinsatz
U_{HF}	V	Sonden-Wechselspannung
$U_=$	V	Sonden-Gleichspannung
$\bar{V}, (\bar{V}_{max})$	LT^{-1}	(maximal) vernebeltes Flüssigkeitsvolumen pro Zeit- und Flächeneinheit
c, c_s	LT^{-1}	Schallgeschwindigkeit
d	L	Wandlerdurchmesser
f	T^{-1}	Schwingungsfrequenz
f_a	T^{-1}	Anregungsfrequenz
$f_k = \dfrac{f_a}{2}$	T^{-1}	Kapillarwellen-Frequenz
h_O	L	Sondenparameter

---

* Die Untersuchungen bei 0,8 MHz wurden mit dankenswerter Unterstützung des Bundesministers für Verteidigung durchgeführt.

s	–	Streuung der logarithmischen Normalverteilung (Standardabweichung)
$\varepsilon, \varepsilon_{max}$	–	Dehnungsamplitude
λ	L	Wellenlänge
λ_k	L	Kapillarwellenlänge
η	$ML^{-1}T^{-1}$	dynamische Viskosität
ϱ	ML^{-3}	Dichte
σ	MT^{-2}	Oberflächenspannung
σ_{max}	$ML^{-1}T^{-2}$	Spannungsamplitude
ω_a	T^{-1}	Anregungs-Kreisfrequenz
ω_k	T^{-1}	Kapillarwellen-Kreisfrequenz

5. Literaturverzeichnis

[1] Wood, R. W., und Loomis, The Physical and Biological Effects of Highfrequency Soundwaves of Great Intensity. Phil. Mag. 7 (1927), 4, S. 417–436.

[2] Sorokin, V. I., The Effect of Fountain Formation at the Surface of a Vertically Oscillating Liquid. Sov. Phys. Acoust. 3 (1957), 3, S. 281.

[3] Eisenmenger, W., Dynamic Properties of the Surface Tension of Water and Aqueous Solutions of Surface Active Agents with Standing Capillary Waves in the Frequency Range from 10 kc/s to 1,5 Mc/s. Acustica 9 (1959), S. 327–340.

[4] Stamm, K., Untersuchung zum Mechanismus der Ultraschallvernebelung an Flüssigkeitsoberflächen im Hinblick auf technische Anwendungen. Dissertation, TH Aachen 1964.

[5] Pickroth, G., Ultraschall- und Düsenaerosole in der Medizin. Jena, G. Fischer, 1963.

[6] Eknadiosyants, O. K., Sov. Phys. Acoust. 9 (1963), S. 201.

[7] Gershenzon, E. L., und O. K. Eknadiosyants, Sov. Phys. Acoust. 10 (1964), S. 127.

[8] Bisa, K., K. Dirnagl und R. Esche, Ultraschall-Aerosole und ihre Verwendung in der Inhalationstherapie. Z. Aerosolforsch.- u. Therapie 3 (1954), 5/6, S. 441–455.

[9] Lierke, E. G., Theoretische und experimentelle Untersuchungen zur Schwingungskavitation in niederviskosen gashaltigen Flüssigkeiten. Dissertation, TH Aachen 1967.

[10] Industrieanzeiger 80 (1958), 57, S. 869–873.

[11] Horn, L., Verfahrensfragen bei der Herstellung von Blei- und Nickel/Cadmium-Akkumulatoren. Chemie-Ingenieur-Technik 38 (1966), 6, S. 660–664.

[12] Pohlman, R., und J. Herbertz, Ein elektrodynamischer Wandler zur kontaktlosen Erregung und Messung von Schwingungen in elektrisch leitenden Substanzen. 5. Congr. Intern. d'Acoust., Lüttich 1965, D 55.

[13] Griesshammer, G., Schwingungskavitation an festen Metallgrenzflächen in flüssigen Metallen. Vortrag anläßlich der Frühjahrstagung der Deutschen Physikalischen Gesellschaft, Fachausschuß Akustik, Freudenstadt, 3. April 1967 (nicht veröffentlicht).

[14] Humenik, M., und W. D. Kingery, Metal-Ceramic Interactions: III. Surface Tension and Wettability of Metal-Ceramic Systems. J. Amer. Ceram. Soc. 37 (1954), S. 18–23.

[15] Baukloh, Grundlagen und Ausführungen von Schutzgasglühungen.

[16] Kleesattel, K., »Vibrator Ampullaceus«, Eine Längsschwingerform zur Erzeugung größter Schallschnellen und Wandlerleistungen. Acustica 12 (1962), 5, S. 322–334.

[17] Redwood, M., Mechanical waveguides. Pergamon Press 1960.

[18] Pohlman, R., und E. G. Lierke, Ein Koppelschwinger zur Ultraschall-Vernebelung von Flüssigkeiten mit selbsttätiger Flüssigkeitsversorgung. VDI-Zeitschrift 108 (1966), 34, S. 1669–1674.

Forschungsberichte des Landes Nordrhein-Westfalen

Herausgegeben im Auftrage des Ministerpräsidenten Heinz Kühn
von Staatssekretär Professor Dr. h. c. Dr. E. h. Leo Brandt

Sachgruppenverzeichnis

Acetylen · Schweißtechnik
Acetylene · Welding gracitice
Acétylène · Technique du soudage
Acetileno · Técnica de la soldadura
Ацетилен и техника сварки

Arbeitswissenschaft
Labor science
Science du travail
Trabajo científico
Вопросы трудового процесса

Bau · Steine · Erden
Constructure · Construction material ·
Soil research
Construction · Matériaux de construction ·
Recherche souterraine
La construcción · Materiales de construcción ·
Reconocimiento del suelo
Строительство и строительные материалы

Bergbau
Mining
Exploitation des mines
Minería
Горное дело

Biologie
Biology
Biologie
Biologia
Биология

Chemie
Chemistry
Chimie
Quimica
Химия

Druck · Farbe · Papier · Photographie
Printing · Color · Paper · Photography
Imprimerie · Couleur · Papier · Photographie
Artes gráficas · Color · Papel · Fotografía
Типография · Краски · Бумага · Фотография

Eisenverarbeitende Industrie
Metal working industry
Industrie du fer
Industria del hierro
Металлообрабатывающая промышленность

Elektrotechnik · Optik
Electrotechnology · Optics
Electrotechnique · Optique
Electrotécnica · Optica
Электротехника и оптика

Energiewirtschaft
Power economy
Energie
Energía
Энергетическое хозяйство

Fahrzeugbau · Gasmotoren
Vehicle construction · Engines
Construction de véhicules · Moteurs
Construcción de vehículos · Motores
Производство транспортных · Средств

Fertigung
Fabrication
Fabrication
Fabricación
Производство

Funktechnik · Astronomie
Radio engineering · Astronomy
Radiotechnique · Astronomie
Radiotécnica · Astronomía
Радиотехника и астрономия

Gaswirtschaft
Gas economy
Gaz
Gas
Газовое хозяиство

Holzbearbeitung
Wood working
Travail du bois
Trabajo de la madera
Деревообработка

Hüttenwesen · Werkstoffkunde
Metallurgy · Materials research
Métallurgie · Materiaux
Metalurgia · Materiales
Металлургия и материаловедение

Kunststoffe
Plastics
Plastiques
Plásticos
Пластмассы

Luftfahrt · Flugwissenschaft
Aeronautics · Aviation
Aéronautique · Aviation
Aeronáutica · Aviación
Авиация

Luftreinhaltung
Air-cleaning
Purification de l'air
Purificación del aire
Очищение воздуха

Maschinenbau
Machinery
Construction mécanique
Construcción de máquinas
Машиностроительство

Mathematik
Mathematics
Mathématiques
Mathemáticas
Математика

Medizin · Pharmakologie
Medicine · Pharmacology
Médecine · Pharmacologie
Medicina · Farmacología
Медицина и фармакология

NE-Metalle
Non-ferrous meta
Metal non ferreux
Metal no ferroso
Цветные металлы

Physik
Physics
Physique
Física
Физика

Rationalisierung
Rationalizing
Rationalisation
Racionalización
Рационализация

Schall · Ultraschall
Sound · Ultrasonics
Son · Ultra-son
Sonido · Ultrasónico
Звук и ультразвук

Schiffahrt
Navigation
Navigation
Navegacion
Судоходство

Textilforschung
Textile research
Textiles
Textil
Вопросы текстильной промышленности

Turbinen
Turbines
Turbines
Turbinas
Турбины

Verkehr
Traffic
Trafic
Tráfico
Транспорт

Wirtschaftswissenschaften
Political economy
Economie politique
Ciencias económicas
Экономические науки

Einzelverzeichnis der Sachgruppen bitte anfordern

Westdeutscher Verlag · Köln und Opladen
567 Opladen/Rhld., Ophovener Straße 1–3, Postfach 1620

MIX
Papier aus verantwortungsvollen Quellen
Paper from responsible sources
FSC® C105338

If you have any concerns about our products,
you can contact us on
ProductSafety@springernature.com

In case Publisher is established outside the EU,
the EU authorized representative is:
**Springer Nature Customer Service Center GmbH
Europaplatz 3, 69115 Heidelberg, Germany**

Printed by Libri Plureos GmbH
in Hamburg, Germany